식생활과
건강

박찬성 · 신승렬 · 양경미

대구한의대학교출판부

서 문

우리의 전통적인 식생활은 세계 어느 나라보다도 우수한 영양 성분과 생리활성물질을 많이 함유한 다양한 식품재료의 이용과 발효식품으로 이루어진 균형 잡힌 건강식이었다. 그러나 86아시안게임, 88올림픽, 2002 월드컵 경기를 치르면서 식생활에 큰 변화를 가져왔으며, 점차 식생활의 서구화, 간편함과 신속성을 추구하면서 우리의 식탁은 위협받고 있다. 현대인은 식생활의 서구화와 외식문화의 발달로 만성질환의 발병 연령을 점차 앞당기고 있으며, 또한 환경오염과 유전자재조합식품의 개발로 식품의 안전성에 대하여 우려의 목소리도 높아지고 있다.

따라서 본 저서는 우리나라 식생활의 변천사와 함께 각종 영양소의 기능과 건강을 위한 올바른 식사계획을 서술하였으며, 우리 일생의 건강을 좌우할 수 있는 가장 중요한 시기인 임산부의 영양관리 방안에 대하여 수록하였다. 그리고 식생활과 주변 환경 변화로부터 야기되는 영양섭취의 불균형과 잘못된 식습관으로 인한 각종 성인병에 대한 원인 및 식사요법에 의한 예방과 치료 방안을 제시하였다.

현대사회에서 문제가 되고 있는 환경호르몬과 유전자재조합식품이 식품의 안전성에 미치는 영향과 기호식품으로 즐겨 애용하는 술, 담배 및 커피가 우리의 건강에 미치는 영향에 대하여 서술하였다. 저자들은 독자, 특히 대학생들에게 식생활과 건강에 대한 전반적인 이해와 올바른 식생활을 통하여 건강한 인생을 영위하는데 조그마한 도움이 되었으면 하는 바램이다.

본 저서는 1996년에 출판한 이래 3차 개정판으로서 성인병, 식품의 안전성, 기호식품에 대한 내용을 대폭 수정 · 보완하였지만 독자들에게 식생활과 영양을 이해하는데 내용이 충분하지 못한 점은 자인하며, 보다 충실한 내용이 될 수 있도록 독자 및 학자 제위의 기탄없는 충고와 비평을 하여 주시기를 바랍니다.

끝으로 본서를 출판할 수 있도록 지원하여 주신 대구한의대학교와 여러 가지 어려움을 무릅쓰고 편집 및 출간하여 주신 출판부 관계자 여러분께 감사 드립니다.

2011년 2월

저자일동

- 차 례 -

제 1장 식생활과 건강

제 2장 영양소의 종류와 기능

제 3장 식사계획

제 4장 임신부와 수유부의 영양

제 10장 식품의 안전성

제 1 장 한국인의 식생활 변화

우리나라 국민의 식생활은 일제치하에서 절대적인 빈곤상태를 겪었으며, 그 후 6·25동란을 거치는 사이에 식량을 외국의 원조에 의존하는 형태가 되었다. 그 후 70년대의 식량증산 정책에 의한 영농기술 및 식품의 가공기술의 발달로 식생활에 많은 발전을 가져왔다. 전통적인 식생활문화는 자연히 외국의 산업과 문화의 도입으로 각종 새로운 외국의 음식문화를 받아들이게 되어 많이 변화하게 되었다. 21세기에는 산업화와 경제성장으로 식생활은 풍부해지고 점차 서구화되어 영양과잉으로 인한 만성질환의 발병률이 증가되어 사회적 문제로 대두하게 되었다. 이 장에서는 한국인의 식품의 소비경향, 영양섭취량 변화, 체위의 변화 및 식생활과 건강과의 관계를 서술하였다.

1. 한국인의 식생활과 식품섭취 변화

1) 식생활의 변화

인간이 지구상에 나타난 것은 고고학상으로 150만년에서 200만 년 전으로 추정하고 있는데, 이 시기에는 오늘날과 같은 농산물이나 축산물은 상상도 할 수 없었다. 구석기 시대에는 주로 짐승을 사냥하고 물고기를 잡아먹는 수렵과 채집을 하였으며, 인간이 식량을 얻기 위해 농경·목축으로 점차적으로 옮겨 온 시기는 B.C. 40,000년에서 B.C. 10,000년으로 추정되고 있다. 인간은 식량채집가(food gatherers)에서 식량생산가(food producers)로 변하기 시작하였다. 그러나 이때 지구가 제공할 수 있었던 식량은 약 일천만명분 정도밖에 되지 않았다고 한다. 그 후 관개, 가축의 이용, 구대륙과 신대륙간의 곡식 교환, 화학비료와 농약의 개발, 영농기술, 내연기관의 발명, 식물유전학의 발전을 통한 기술혁신 등으로 식량 생산능력은 아주 크게 증가되었다.

그러나 농업에 있어서 가장 중요한 요소인 기후는 인간문명이 고도로 발달된 오늘날에도 바꾸지 못하고 있다. 따라서 각 지역마다 그 곳 기후에 알맞은 식물들이 재배되고 있다.

한국에 쌀이 들어온 것은 견해차는 있으나 B.C. 3,000년경으로 추정되고 있으며, 한국에서 벼농사를 지어 쌀을 먹기 시작한 것은 대략 지금으로부터 5,000년 전이 되고, 이후 한국에는 벼농사와 콩 재배가 확대되면서 우리 고유의 식생활이 정착되기 시작하였다. 벼농사에 겸하여 잡곡농사를 지었으므로 일상적으로 잡곡밥을 먹었으며 흰쌀 편중에서 초래되는 영양상의 불균형을 보완할 수 있었다. 또한 콩을 발효시켜 만든 다양한 종류의 장류가 조미료의 기본이 되었다. 또한 장류, 채소절임, 젓갈 등의 발효식품이 크게 발달하였으며, 임진왜란 이후로는 고추의 사용이 일반화되어 고추를 첨가한 채소절임, 즉 김치를 각 가정에서 담그게 되었다. 한국음식은 다른 나라 음식에 비해 국물이 많으며, 이는 염장 후 발효시킨 짠 발효식품과 이를 이용한 음식의 발달에 기인하고 있다. 즉, 음식을 만들 때 염도가 높은 장류를 이용하여 맛을 조절하였기 때문에 조리 시 음식에 물기를 더하는 습성(濕性) 음식문화가 되었을 것이다.

한일합방에서부터 1950년대까지는 서구문명의 유입에 의해 서양음식이 부분적으로 소개, 인식되기 시작한 시기이며, 또 한편으로는 일본의 수탈과 대동아전쟁에 동원된 물자 공출로 인하여 온 나라가 극심한 식량난에 빠져 든 기간이기도 하다. 그러나 한일합방을 전후하여 일본의 제빵 기술자들이 들어오게 되어 양과점 · 제과점이 생기게 되었고, 적은 양이기는 하나 제분, 제면, 청량음료, 통조림 등 같은 가공식품이 등장하기 시작하였다.

1960년대 이전의 우리의 식생활은 일제의 수탈, 6.25동란, 농업생산의 기술부족 등으로 인하여 극심한 궁핍한 생활이 지속되었고, 미국의 식량원조로 이를 해결하고 있었던 실정이었다. 그러나 1960년대에 들어 새마을운동이 전개되면서 제분산업의 발달이 이루어지게 되었고, 이로 인해 쌀의 일부가 밀가루로 대체되었으며, 농촌계몽운동과 분식장려운동(국민식생활개선운동)이 이루어지면서 과자, 빵, 국수류 등의 식품이 많이 보급되었다. 1963년 우리나라에 선보인 라면이 분식 장려운동에 편승하여 주식 대체용, 혹은 간식으로 그 수요가 급증하였고, 제과, 제빵 산업의 급속한 성장을 이루었다. 그 후 라면, 화학조미료(monosodium glutamate)와 식용유지의 생산 및 냉장, 냉동업이 자리를 잡게 되었으며, 축산진흥책이 형성되었고 분유, 사이다, 콜라 등의 기호식품 산업이 시작되었다. 1960년대 말에 들어서면서 본격적인 영양교육이 실시되었고 낙농업의 발달과 청량음료 및 주류의 발달이 이루어졌다. 벼의 다수확을 위한 품종개량으로 통일벼 재배의 성공에 따른 쌀 수확량의 대폭 증가와 더불어 주거형태 또한 서양화되기 시작하였다.

1970년대에는 산업의 발달로 인하여 국민소득이 점차 높아짐에 따라 곡류의 소비량이 줄어들고, 육류, 난류, 어패류 등의 동물성식품의 소비가 증가하는 서구식 식생활 패턴으로 전환되기 시작하였다. 1980년대에 들어와서는 동물성 식품과 지방섭취량이 크게 증가하였으며, 낙농제품의 기계화, 간편화, 자동화가 이루어졌고 다양한 청량음료와 인스턴트식품이 개발되었다. 1980년대에 이르러 고도의 경제성장과 산업화의 급격한 신장에 따른 여러 가지 사회, 경제적 요인의 변화는 국민의 식생활에 대한 가치관을 변화시켜 식품산업과 외식산업이 현저히 발전되었다. 특히 '86 아시안 게임'과 '88 올림픽' 등의 국제 운동경기와 각종 국제적 행사의 국내 유치, 그리고 국제 규모의 관광산업은 식품산업과 외식산업의 붐을 가속화시키게 되었다. 가장 현저한 것은 햄버거류 · 치킨류 · 피자류 등의 패스트푸드와 도시락이라 하겠다. 패스트푸드(fast food)란 고객이 주문하면 즉석에서 음식이 제공되는 것으로서 제공되는 식단은 영양적인 면보다는 간편성, 경제성, 미각에 비중을 두고 있는 실정이므로 소비자들의 음식선택에 따라 한 끼의 식사로서 영양적 균형이 깨어지기 쉽다. 패스트푸드점 이외에도 커피, 쥬스 등의 자동판매기가 보편화되고 24시간 편의점이 등장하였고 미리 조리된 식품의 판매가 눈에 띄게 증가되었다.

90년도 이후부터는 정부정책상 UR과 2000년대부터 각국과의 FTA 체결에 의해 직 · 간접적으로 식생활에 많은 영향을 받고 있는 실정이다. 한편, 직장인의 아침, 점심, 저녁의 식사문화가 달라지고 있으며 직장인을 위한 외식산업은 건강을 지키기 위해 대단히 중요하며 외식 의존도가 높아질수록 소비자들의 현명한 선택이 요구된다. 이리하여 식생활의 외식화가 더욱 빠른 속도로 진행되고 있으며 한국 전통음식의 중요성을 재인식하게 되어 한국의 전통음식도 산업화되기 시작하였다.

현재의 우리의 식생활은 경제수준의 향상으로 소비자의 기호에 맞는 문화적인 식생활의 변화가 일어났으며, 이에 따른 empty food, fast food, convenience food, favorite food 등 새로운 외래 식생활 형태가 우리나라에 정착하기 시작하였다. 이로써 우리나라 식품가공업의 발달과 아울러 공업화, 도시화가 이루어졌고 이로 인한 핵가족화, 여성의 사회진출, 고도의 경제성장과 함께 수입의 증대에 의한 가정 경제의 풍요로 인하여 외식 등 우리의 식생활은 서구화 되어가고 외래식품과 우리 식품의 혼합에 의한 식생활문화의 전기를 맞게 되었다.

현대의 식생활은 사회 환경의 변화와 함께 새롭게 형성된 우리의 식생활로서 정착되어 가고 있는 실정이다. 그러므로 이러한 변화의 추이 속에서 혼돈기를 맞은 우리의 식생활은 편의상의 식생활보다는 옛 전통을 살린 식생활로 나아가야 하며, 전통 음식문화의 구조적 바탕 위에 현대의 음식문화 구조를 형성하여 건강한 삶을 영위할 수 있는 올바른 식생활을 형성해야 하겠다.

2) 식품 및 영양소의 섭취 변화

앞에서 설명한 것과 같이 한국인의 식생활은 1960년대 이전에는 굶주림으로부터 해방되는 것이 당면과제이었으나 그 후 30여 년 동안 고도의 경제성장과 산업의 발달로 국민소득이 증대되어 식생활이 아주 풍요로워졌으며, 현재에는 영양과잉이 사회적인 문제로 대두되고 있다.

한국인의 영양섭취 현황은 2007년도 국민건강영양조사의 결과(표 1-1), 우리나라 국민 1인당 에너지 섭취량은 1970년에는 2,150kcal이었던 것이 1980년에는 2,052kcal, 1990년에는 1,868kcal로 계속 감소하다가 2001년에는 1,976kcal로 약간 증가하였으나 2007년에는 다시 1,810kcal로 감소하였다. 그러나 에너지 섭취원을 식품군별로 보면 식물성 식품인 곡류 에너지비에서 1970년에 81.2%에서 2001년에는 56.0%까지 감소하였으나 2007년에는 67.0%로 다소 증가되었다. 상대적으로 동물성 식품은 1970년대에는 14.7%, 1980년대에는 28.7%, 1990년대에는 39.8%, 2001년도에는 47.9%로 꾸준한 증가를 보이다가 2007년에는 46.0%로 감소되었다. 특히 육류, 계란류, 우유류, 어패류 등 동물성 식품의 비중이 증가하고 있는 추세이다.

섭취 에너지의 영양소별 구성비(표 1-2)를 보면, 2008년에 당질 63.6%, 지방 22.7%, 단백질 13.7%로 1970년 이후 당질이 차지하는 비중이 감소하고 지방은 증가하는 경향을 보이고 있으나 단백질은 1990년에 16.9%에 도달한 후에 약간 감소하였다.

1인 1일당 식품 공급량(표 1-3)을 살펴보면, 식물성 식품의 공급량 중 쌀, 보리의 공급량은 계속 감소하는데 비해 과실류는 계속 증가하고 있으며 밀과 채소류는 2000년까지 증가한 후, 2008년에는 약간 감소하였다. 동물성 식품 중 육류, 계란류, 우유류, 어패류의 공급량은 꾸준한 증가 추세에 있으며, 지방의 급원인 유지류의 공급량은 2000년까지 계속 증가하였으나 이후 2008년에는 약간 감소하였다. 이러한 결과는 식품소비의 형태가 점차 서구화되어 가는 경향을 반영하고 있다.

현재 한국인의 식품 및 영양소 섭취현황은 몇몇 특정 영양소를 제외하고는 평균적으로 영양권장량에 도달하여 양호한 수준에 이르렀다고 하나 가족제도의 변화, 각종 가전제품의 보급 및 가사노동의 경감과 의식의 변화로 여성들의 사회참여도가 높아지고 생활수준의 향상으로 식품재료의 고급화와 외식의 증가, 조리 · 가공된 식품의 잦은 사용 등이 나타나게 되었다.

표 1-1. 한국인의 3대 영양소 섭취량의 연차적 추이

영양소 \ 년 도	1970	1980	1990	2001	2007
에너지(kcal)	2,150	2,052	1,868	1,976	1,810
단백질(g)	64.6	67.2	78.9	71.6	65.4
지 방(g)	17.2	21.8	28.9	41.6	37.7
당 질(g)	434.0	396.0	316.0	315.0	289.0
동물성단백질비*(%)	14.7	28.7	39.8	47.9	46.0
곡류에너지비**(%)	81.2	77.4	65.8	56.0	67.0

자료 : 식품수급표(2008).

$$^{*}\text{동물성단백질비}(\%) = \frac{\text{동물성단백질}}{\text{총단백질}} \times 100$$

$$^{**}\text{곡류에너지비}(\%) = \frac{\text{곡류에너지}}{\text{총에너지}} \times 100$$

표 1-2. 섭취 에너지의 영양소별 구성비 (단위:%)

영양소 \ 년 도	1970	1980	1990	2001	2008
탄수화물	80.8	77.3	69.2	65.6	63.6
지 방	7.2	9.6	13.9	19.5	22.7
단백질	12.0	13.1	16.9	14.9	13.7

자료 : 식품수급표(2008).

표 1-3. 1인 1일당 식품 공급량 (단위 : g)

식품명 \ 년 도	1970	1980	1990	2000	2008
곡 류	534.0	505.5	480.7	457.1	408.4
쌀	357.4	363.0	330.9	268.1	236.2
밀가루	68.7	80.3	81.4	99.0	89.3
보 리	100.8	38.4	6.7	5.0	3.0
기 타	7.0	23.9	61.8	85.0	79.9
서 류	153.4	58.8	30.2	32.2	38.6
설탕류	17.1	28.1	42.0	48.9	64.9
두 류	18.3	26.5	28.1	29.4	26.4
견과류	0.1	1.2	1.3	4.1	3.8
종실류	0.2	1.1	1.8	1.9	1.9
채소류	164.2	329.5	363.3	454.6	420.8
과실류	27.5	44.4	79.3	111.4	120.4
육 류	22.8	37.9	64.6	102.8	111.4
계란류	8.7	16.0	21.6	23.5	25.8
우유류	4.9	29.5	87.1	135.0	144.6
어패류	40.2	61.5	83.6	84.1	107.1
해조류	7.2	12.2	15.5	16.6	43.4
유지류	4.0	13.8	39.1	43.6	33.8

자료 : 식품수급표, 2008.

따라서 우리의 전통적인 식사형태도 변하고 식품소비 패턴의 서구화로 인하여 이에 따른 문제점도 지적되고 있다. 영양소의 섭취방법에서도 주·부식의 구분도 불명확해지고 있으며 또한 수입식품이 우리의 식생활에 미치는 영향은 다양한 식품을 접할 수 있어 질적인 향상을 가져올 수 있으나 여러 가지 식품첨가물로 인한 안전성 문제와 우리의 농촌경제를 어렵게 한 점을 간과할 수는 없다.

앞으로는 인스턴트식품의 선호도와 외식의 기회 등이 더욱 많아질 것이고 일상의 식생활은 간소화되는 경향으로 나아갈 것으로 전망된다. 따라서 가정 내의 식사에서 길러질 수 있는 바람직한 식습관의 형성이 어렵고 식문화의 쇠퇴를 가져올 우려가 있으며 인스턴트식품은 각종 첨가물의 위험성과 더불어 지방과 단백질에 편중된 영양 불균형 등의 문제점이 지적되고 있다.

표 1-4. 1인 1년당 식품 공급량 (단위 : kg)

식품명 \ 년 도	1970	1980	1990	2000	2008
곡 류	194.9	185.0	175.4	166.8	149.1
쌀	130.4	132.9	120.8	97.9	86.2
밀가루	25.1	29.4	29.7	36.1	32.6
보 리	36.8	14.1	2.4	1.8	1.1
기 타	2.6	8.7	22.5	31.0	29.2
서 류	56.0	21.5	11.0	11.8	14.1
설탕류	6.2	10.3	15.3	17.9	23.7
두 류	7.4	9.7	10.3	10.7	9.7
견과류	0.1	0.4	0.5	1.5	1.4
종실류	0.1	0.4	0.7	0.7	0.7
채소류	59.9	120.6	132.6	165.0	153.6
과실류	10.0	16.2	29.0	40.7	44.0
육 류	8.3	13.9	23.6	37.5	40.7
계란류	3.2	5.9	7.9	8.6	9.4
우유류	1.8	10.8	31.8	49.3	52.8
어패류	14.7	22.5	30.5	30.7	39.1
해조류	2.6	4.5	5.7	6.1	15.8
유지류	1.5	5.0	14.3	15.9	12.3

자료 : 식품수급표(2008).

3) 한국인의 체위의 변화

우리나라 성인 남녀의 평균신장과 체중은, 1913년에 남자의 평균신장은 161~162cm, 체중 55~56kg이었으나 2010년에 성인남자는 173.0cm, 65.8kg이었다. 1910년대부터 현재까지 10년마다 남자의 경우에는 평균신장이 1.2cm, 체중은 1.0kg씩 증가되었다. 성인여자의 경우에는 1913년에 평균신장이 147~148cm, 체중 45~46kg이었으나 2010년에는 160.0cm, 56.3kg으로 증가하여 1910년대부터 현재까지 10년마다 평균신장이 1.3cm, 평균체중이 1.1kg씩 증가하였다. 연대별로 볼 때 성장완료기에도 성장발육이 지속되어 특히 1967년 이후부터 현저한 증가를 나타내었다. 이러한 현상은 우리나라는 1960년대 초반부터 고도의 경제성장을 이룩하면서 국민소득이 증대되고 사회적, 경제적 제조건의 향상으로 식생활도 매우 풍요로워진 결과에 기인한 것으로 분석된다.

표 1-5. 한국 성인의 평균 신장과 체중의 시대적 비교

년도	연구자	남자		여자	
		신장(cm)	체중(kg)	신장(cm)	체중(kg)
1913	구보(Kubo)	161~162	55~56	147~148	45~46
1935	오목전(Kokida)	165~166	57~58	152~153	49~50
1940	이병남	166.12	58.20	154.38	52.14
1956	김인달	166.46	58.55	154.82	53.47
1967	권이현, 박순영	167.61	58.90	156.63	51.16
1975	박순영	169.2	59.2	158.1	50.7
1978	박순영	169.2	61.9	157.2	50.42
1980	FAO/KA	170.0	60.0	158.0	52.0
1984	박순영	171.0	64.3	160.0	52.6
1985	FAO/KA	171.0	63.0	160.0	52.0
1989	한국영양학회	171.0	64.0	160.0	53.0
1995	한국영양학회	172.0	66.0	160.0	53.0
2000	한국영양학회	174.0	67.0	161.0	54.0
2005	한국영양학회 (20~29세)	173.0	65.8	160.0	56.3
2010	한국영양학회 (19~29세)	173.0	65.8	160.0	56.3

2. 식생활이 건강에 미치는 영향

1) 건강의 개념

사람은 누구나 오래 살고자 하는 욕망이 있지만 그렇게 되려면 양호한 건강이 수반되어야만 풍부한 삶의 질을 향유할 수 있다. 인류사회의 어느 누구를 막론하고 지녀야 할 인간으로서의 기본권리는 양호한 건강을 갖는 것이다. 그러나 우리 주위에는 이러한 최고 수준의 양호한 건강을 유지하지 못하고 몸의 불편함을 호소하고 있는 사람들이 많이 있음을 볼 수 있다. 건강한 신체를 도모할 때 건전한 정신상태를 유지할 수 있으며 생활의 모든 면에서 생동감을 지닐 수 있다.

세계보건기구(WHO)는 1946년에 건강(Health)에 관한 개념을 "건강이란 신체적, 정신적 그리고 사회적으로 완전하게 양호한 상태이며 단지 질병이 없거나 허약하지 않다는 것만은 아니다"라고 정의하였다.

양호한 건강상태를 유지하기 위해서 신체적, 정신적 그리고 사회적으로 자신의 복지적 측면에서 최고수준을 유지하기 위해서는 자기 자신의 생활양식(life style)에서의 건강관리는 물론이고 그 사회의 보건과 건강을 위한 복지정책, 의료시설 그리고 경제적 여건이 복합적으로 잘 관리되어져야만 이루어질 수 있다.

인간은 몸이 아픈 상태는 질병이요, 이에 상대적으로 대응하는 것이 건강한 상태라는 개념으로 건강과 질병을 구분하여 왔으나 건강의 정도와 질병의 정도의 사이에는 무수한 점선이 가로놓여 있어 때로는 질병과 건강과의 한계선을 긋기에는 많은 어려움이 있다.

질병과 관련된 측면에서 인간을 구분하여 보면, 병을 가진 사람(환자)과 잠재적 질병을 가진 사람(준환자:準患者)으로 분류할 수 있는 반면에, 건강의 측면에서는 건강인과 준건강인으로 분류할 수 있다. 건강인이란 최고수준의 건강상태를 유지하고 생동감 있게 생활하는 사람을 말하며,

준건강인은 건강하긴 하지만 질병상태로 옮겨갈 수 있는 가능성이 잠재하고 있는 상태인 사람을 말한다. 이러한 건강과 질병과의 상호관계성을 횡축에 놓고 보면 건강, 준건강, 준질병, 질병, 사망이라는 5단계가 되나 이는 본질적으로 연속성이 있는 스펙트럼(spectrums)으로 형성되어 있다. 이러한 관점에서는 인간은 일생동안 이 스펙트럼을 좌, 우로 이동하면서 생활하고 있다고 말할 수 있으며, 우리의 궁극적인 방향은 항상 이 스펙트럼의 우측방향(건강한 상태)을 지향하고 있다.

현대인들은 확실한 질병으로 병원을 찾지 않고 신체적 건강조건의 여러 상태에 대하여 불만을 호소하는 경우가 많다. 이러한 범주에 속해 있는 사람들은 준환자, 준건강인의 선에 서 있으며 그 강도가 어느 쪽으로 기울고 있느냐에 따라 건강상태가 결정지어진다. 현재 우리 사회에 준건강인, 준환자의 범주에 속해 있는 수가 급증하고 있으며, 이러한 상태로 유인하는 요인으로 현대사회에 처해 있는 정신적 스트레스의 증대, 운동량의 감소, 식기호의 병폐로 오는 영양소 섭취의 불균형, 생활의 다양화에 동반되는 결식과 식사시간의 불규칙성, 야채나 과일의 섭취부족, 범람하고 있는 각종 가공식품의 빈번한 이용 등을 들 수 있다.

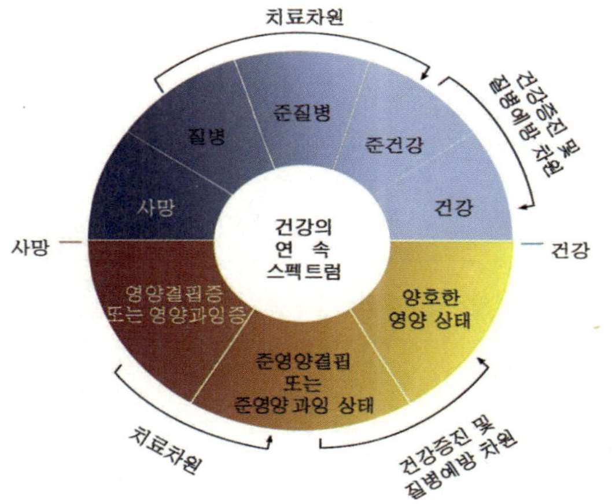

그림 1-1. 건강과 영양상태의 연속스펙트럼

건강과 밀접한 관계가 있는 개인의 영양상태는 모든 영양소가 필요한 만큼 적절히 공급되고 있는 영양상태에서 하루아침에 심각한 영양결핍증이나 영양과잉증으로 발전하는 것은 아니다. 임상적으로 영양결핍증 또는 영양과잉증은 준영양결핍 또는 준영양과잉 상태를 거쳐 장기간의 영향 불균형이 지속되어 온 결과이다. 현대사회에서 새롭게 대두되는 영양문제는 잠재성 영양소 결핍상태 또는 영양과잉상태가 준건강 상태 또는 준환자 상태를 유발하거나 나아가서 질병을 유발하여 인간의 건강을 위협하고 있다.

2) 한국인의 사망원인 변화

표 1-6에 제시된 1950년대 이후 한국인의 주요 사망원인을 보면, 1960년대까지는 궁핍한 식량사정과 낮은 경제수준으로 인한 영양섭취의 부족, 열악한 보건 및 위생환경 등으로 결핵 및 폐렴이 1위를 차지하였다. 그러나 70년대 이후에는 악성 신생물(각종 암), 순환기계 질환(고혈압, 뇌졸중) 등이 주요 사망원인이 되면서 점차 선진국의 사망원인 패턴과 유사해지고 있다.

표 1-6. 한국인 사망원인의 변화

순위	1953	1965	1970	1980	1990	2000	2009
1	결핵	폐렴	순환기계	순환기계 (고혈압)	악성 신생물	암(악성 신생물)	암
2	위장질환	결핵	호흡기계	악성 신생물	뇌혈관 질환	뇌혈관 질환	뇌혈관 질환
3	뇌혈관 질환	신경계	감염	불의의 사고	불의의 사고	심장 질환	심장질환
4	폐렴 및 기관지염	악성 신생물	악성 신생물	소화기계	심장병	당뇨병	자살
5	신경계	소화기계	손상 및 중독	호흡기계	고혈압	만성하기도 질환	당뇨
6	뇌쇠	불의의 사고	소화기계	감염	만성 간질환	운수사고	운수사고
7	심장질환	심장질환	내분비 대사질환	신경계	당뇨병	고혈압성 질환	만성하기 도질환
8	감염	감염	신경계	내분비 대사질환	결핵	자살	간 질환
9	악성 신생물	피부병	비뇨기계	비뇨기계	자살	간질환	호흡기계 (폐렴)
10	원인불명	결합조직 결합	결합조직 결합	정신병	폐렴 및 기관지염	호흡기계 (폐렴)	고혈압성 질환

자료: 통계청

최근 2009년 한국인의 사망원인(그림 1-2)을 성별로 살펴보면, 남자의 경우에는 악성 신생물(암)과 순환기계 질환이 총 사망원인의 각각 32%와 19%를 차지하였고, 여자는 순환기계 질환에 의한 사망이 26%, 악성 신생물에 의한 사망이 24%를 차지하고 있다.

이와 같이 근년에 들어 한국인의 사망 원인이 순환기계 질환과 악성 신생물로 자리 잡게 된 원인은 식생활의 패턴의 변화와 환경오염과 밀접한 관계가 있는 것으로 알려져 있다. 따라서 선진국에서 보여 주고 있는 성인병 발생과 사망의 원인을 답습하지 않기 위해서는 한국인의 식생활의 현주소를 재평가하고 바람직한 한국인의 식생활 패턴의 올바른 방향을 제시할 때이다.

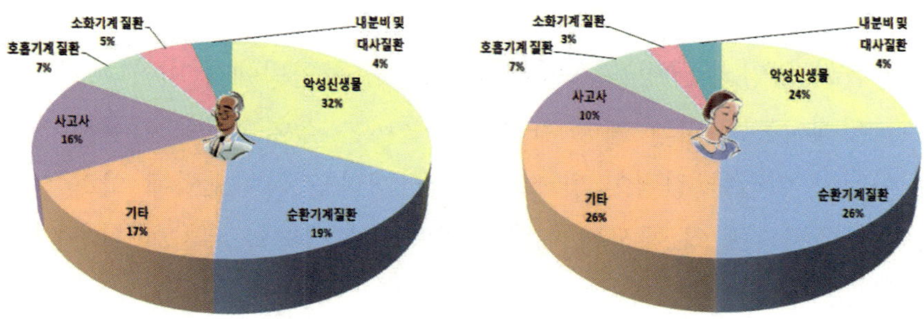

그림 1-2. 한국인의 사망원인 (2009)

3) 건강을 위한 올바른 식생활

우리들에게 있어서 절대적으로 중요한 것은 생명현상을 유지하기 위한 최저선의 음식을 먹어야 하는 일이다. 우리가 매일 섭취하고 있는 음식물의 성분은 우리의 몸에 들어가 피와 살이 되기도 하며 또는 분해되어 에너지를 내어 우리가 그 에너지를 사용하여 활동할 수 있고 또 살아나가는 힘을 얻어 생존을 계속하게 되는 것이다.

최근에는 영양상태의 개념도 질병과 건강과의 상호관계에 입각하여 설명하고 있다. 즉, 식생활의 양상을 반영하는 영양소의 섭취상태와 우리 몸의 조건을 관련하여 영양상태를 설명할 수 있는데 이는 적절한 영양상태, 영양소 상호간의 평형이 붕괴된 상태, 영양소의 결핍과 과잉상태로 나타낼 수 있다. 이에 따라서 인체의 '영양상태'는 적절한 영양상태, 잠재적 영양결함상태, 영양결함상태, 영양결핍증의 4단계로 대별된다.

산업의 발달과 더불어 국민생활의 근대화와 생활수준의 향상은 단체급식과 외식산업의 증가로 판매되는 식품이 다양하고 그 내용도 매우 복잡하게 되었다. 그러나 이로 인해 자칫 한 가지 식품의 편중된 식습관으로 건강을 해치게 될 위험성이 높아지게 되었으며 계속적인 영양소의 과잉섭취와 불균형, 운동량의 부족은 비만, 뇌졸중, 암, 심장질환 및 당뇨병 등의 성인병이 눈에 띄게 증가하는 원인이 되고 있다. 다른 한편으로는 전세계적으로 아직도 기아와 영양실조로 고통을 받고 있는 사람도 공존하고 있는 실정이다.

우리가 건강하고 즐거운 생활을 영위하려면 성인병의 성향을 미리 조사하는 한편 영양의 균형을 유지해야만 한다. 성인병에서 벗어나 건강을 지키기 위해서는 질병의 예방 차원에서 올바른 식이요법을 실시해야 할 뿐만 아니라 이러한 질병이 발생하였다 하더라도 식이요법에 의하여 치료적인 면에서 질병의 개선에 노력을 기울여야 생명의 유지와 연장도 가능하리라고 본다.

건강한 삶을 유지하고 건강한 생애를 보내기 위해 현대의 사람들은 많은 관심과 시간을 투자하고 있으며, 이것은 우리가 매일 섭취하는 식품과 깊은 관계가 있다. 이런 점에서 현대인들에게 올바른 식품선택은 매우 중요하며, 균형 잡힌 식사로 여러 가지 식품을 잘 조합해서 섭취한다는 것은 신체의 요구에 맞는 영양소를 골고루 섭취할 수 있다는 점에서 매우 중요하다. 균형 잡힌 식생활이란 신체가 요구하는 모든 영양소가 잘 배합된 적당량의 식사를 의미하며 어느 한 가지 식품도 이 목적을 완벽하게 충족시킬 수 없다. 유아에게 필요한 모든 것을 거의 다 갖추고 있는 모유에도 철분과 비타민 D가 부족하고, 육류도 훌륭한 단백질을 제공하지만 칼슘을 적게 함유하고 있으며, 계란은 비타민 C를 거의 포함하고 있지 않다. 따라서 균형 잡힌 식생활을 유지하기 위해서는 다음과 같은 세 가지 요소를 생각해 볼 수 있다.

첫째, 식품간의 균형(balance)을 이루는 것이다. 칼슘식품과 철분식품을 예를 들어 생각해 보면 육류, 생선 및 가금류는 철분을 풍부하게 함유하고 있는 대신에 칼슘은 부족한 편이며, 반면에 비슷한 예로 우유나 유제품은 칼슘은 충분히 함유하고 있으나 철분은 부족한 편이다. 이와 같이 모든 영양소를 완전하게 포함하는 식품은 존재하지 않으므로 어느 한 식품군에만 편중하여 섭취하지 말고 육류, 곡류, 채소 및 과일류, 유제품 등을 균형 있게 섭취하는 것이 무엇보다도 중요하다.

둘째, 다양한 식품을 섭취하는 것이다. 보통 사람들은 매일 자기가 섭취하는 식품만을 주로 선택한다. 예를 들어 같은 과일이라 하더라도 어떤 사람은 주로 딸기를 먹는 반면, 어떤 사람들은 복숭아를 주로 먹는다. 이때 딸기에는 비타민 C가 많이 포함되어 있는 반면, 복숭아에는 비타민 A가 많이 포함되어 있어 과일을 먹을 경우에도 한 종류의 과일만 매일 먹는 것보다는 여러 가지 과일을 다양하게 섭취하는 것이 영양소의 균형 있는 섭취를 위해 바람직하다.

셋째, 적당한 양의 식품을 섭취하는 것이다. 지방이나 설탕이 많이 포함된 식품은 식사의 즐거움을 주지만 과도한 지방과 설탕의 섭취는 칼로리의 과잉섭취 뿐만 아니라, 여러 가지 다른 영양소의 섭취를 상대적으로 저하시키므로 적절한 양을 조절하여 섭취하는 것이 매우 중요하다. 따라서 균형 잡힌 건강한 식생활을 한다는 것은 각 식품군간의 균형을 이루며 다양한 식품의 선택으로 적당량의 음식을 섭취하는 것이다.

건강에 대한 욕구를 충족시키기 위하여 많은 종류의 건강보조식품들이 생산, 판매되고 있으나 이들은 의약품과 같이 기능면에서 뚜렷한 효과가 있는 것이 아니며, 영양소로서도 특별한 것을 함유하고 있는 것도 아니고 유효 성분이 완전히 해명된 것도 아니다. 그러나 흔히들 어떤 식품이 몸에 좋다고 하면서 단일식품에 대한 과신과 초능력을 믿으려 하는데서 건강을 해치는 일이 생기기도 한다. 진정한 건강식은 올바른 영양에 대한 지식을 기초로 하는 식사에서 성립될 수 있다. 다시 말해서 건강식이란 영양의 균형을 유지하면서 충분한 영양을 섭취하면 성인병 예방이나 경감으로 건강하고 유쾌한 인생을 즐길 수 있을 것이다.

제 2 장 영양소의 종류와 기능

인간이 생명을 유지하고 신체유지, 성장 및 조직의 재생을 위해서는 외부로부터 필요한 물질을 섭취해야 하고, 섭취된 물질은 인간 신체 내에 적절하게 이용되고 노폐물이 배설되는 일련의 과정을 거쳐야만 한다. 사람이 필요로 하는 영양소는 당질(탄수화물), 지질, 단백질, 무기질 및 비타민의 5가지로 분류하며, 이들을 5대 영양소라고 한다. 이 장에서는 5대 영양소의 기능과 성질, 영양소의 필요량, 결핍증과 과잉증, 급원식품을 소개하고, 나아가서 균형 있는 식생활을 위한 식품의 선택에 도움이 되게 한다.

1. 영양과 영양소의 의미와 기능

인간이 생명을 유지하고 성장 및 재생을 위해서 체외로부터 식품의 형태로 섭취하여 소화·흡수 과정을 거쳐 체내에서 이용하고 여기서 생긴 불필요한 물질을 체외로 배설하는 일련의 과정을 영양(nutrition)이라고 한다. 영양소(nutrient)는 식품으로 얻어진 물질로서 인간의 육체를 유지하고 성장 및 조직의 재생에 이용되는 물질을 말한다.

영양소는 식품으로부터 공급받는 것으로 탄수화물, 지방, 단백질, 비타민, 무기질 등이 있으면 이들을 5대 영양소라고 한다. 한편 인간이 생명을 유지하는데 가장 필요한 물과 공기(산소)가 있지만 이것들은 용이하고 자유롭게 얻을 수 있기 때문에 현재에 문제가 되지 않고 있다. 그러나 인구의 증가와 산업의 발달에 인한 각종 환경오염으로 물과 공기에 대한 심각한 문제가 대두될 수 있으므로 영양문제에서도 이 점을 취급해야 할 것이다.

영양소는 인체 내에서 여러 가지 중요한 기능을 수행하는데, 요약하면 표 2-1과 같다.

표 2-1. 영양소의 기능별 분류

분 류	영 양 소	기 능
구성소	단백질, 무기질, 지방, 물	근육, 골격, 기관 혈액 등 인체 조직의 구성
열량소	탄수화물, 지방, 단백질	근육수축, 신경작용 호흡, 체온유지 등을 위한 에너지 공급
조절소	무기질, 단백질, 비타민, 물	체내 대사과정, 수분균형, 삼투압, 산·염기 평행 등 생리적 기능 조절

2. 물과 영양

1) 물의 역할

물은 인체의 생명현상을 유지하기 위해 필수적인 당질 · 지질 · 단백질 · 무기질 · 비타민 등과 함께 6대 영양소 가운데 하나로서 체중의 55~60%를 차지하며 인체에 있어 가장 중요한 물질이다. 생명을 유지하기 위해서는 양적으로 가장 많이 공급해야 하는 것이 '물'이다.

인간은 다른 영양소의 공급이 중단된 상태에서 2~3개월간 생명을 유지 할 수 있으나 물을 섭취하지 않고는 3~4일 정도밖에 살수가 없다. 그러므로 물은 생명체에게 가장 중요하고 필수적인 영양소라 할 수 있다.

물은 인체 내에서 여러 가지 중요한 역할을 하고 있다. 인체의 55~60%가 물로 구성되어 있으므로, 물은 단일 화합물로서 인체 내에서 함유량이 가장 많은 물질로서 인체의 구성 성분으로 역할을 한다. 물은 신체 내에서 수송의 역할을 담당하는 혈액의 주요 성분으로 영양소를 세포로 운반해 주고 대사 결과 생성된 노폐물을 뇨 또는 이산화탄소의 형태로 신장 또는 폐를 통해 제거하여 주는 운반 역할, 그리고 물은 다른 어떠한 용매보다도 비열과 증발열이 크기 때문에 체온조절을 하는데 있어서 가장 이상적인 용매라 할 수 있다. 예를 들어 더운 환경에서 신체는 발한을 통해서 체온을 조절한다. 눈의 수정체, 관절 등에 함유된 물은 외부의 충격으로부터 이들 조직을 보호하고, 특히 양수는 태아를 보호하는 역할을 한다. 물은 위장관 · 호흡계 및 관절 등의 점막을 부드럽게 해주며, 특히 위장관에서 영양소의 흡수를 용이하게 해준다.

또한 물은 인체내에서 가장 중요한 역할의 하나로서 화학적 기능인 용매역할과 대사반응에 관여한다. 세포 내에서 일어나는 소화 · 흡수 · 화학 반응 등의 다양한 대사반응들이 효율적으로 진행되려면 반응의 대상이 되는 화합물질들이 물에 용해되어 있는 상태가 아니면 불가능하다. 즉 물은 용질과 대사물질을 녹여서 대사반응을 가능하게 하는 용매의 역할을 하며, 효소에 의한 가수분해반응에서와 같이 대사반응에 직접 관여한다. 이외에도 물은 삼투압, pH, 등 조절작용을 한다.

2) 체내의 수분평형

신체는 다양한 생리적 상태 또는 외부환경의 변화에 처하더라도 체내 수분의 항상성을 이루도록 조절하는 능력을 어느 정도 자체적으로 지니고 있다.

체내로 수분이 유입되는 과정을 살펴보면 음료수와 식품으로부터 1일 총 수분 공급량의 거의 대부분을 제공받으며, 이외에도 체내에서 일어나는 영양소의 대사과정을 통하여 약간의 대사수가 생성된다. 체내의 수분은 소변, 땀, 폐를 통한 기화 및 대변을 통해 배설된다. 총 수분손실량에 있어서 각각의 수분손실 경로가 차지하는 비율은 육체적 활동 정도, 신체의 생리적 상태, 또는 외부온도 및 습도에 따라 다르다. 일반적으로 소변을 통해 총 수분 손실량의 약 50~60%가 배설되고 40% 정도가 땀·피부 및 폐를 통한 수분의 기화로 손실되며, 대변을 통한 손실은 극히 미량이다. 수분 섭취량이 균형을 이룰 때 체내의 수분평형이 이루어지게 된다.

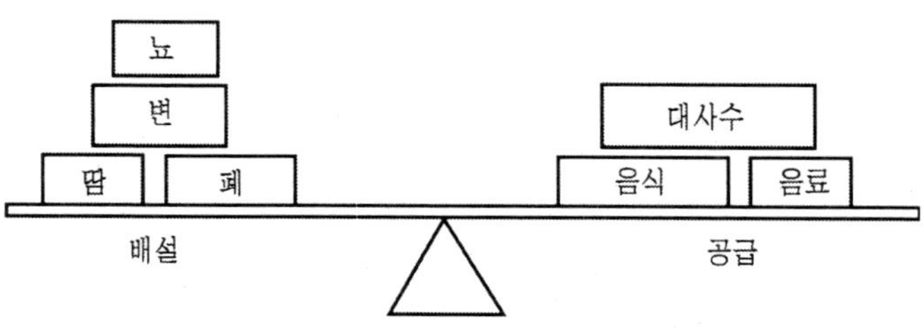

그림 2-1. 인체의 물의 균형 유지

3) 물과 관련된 영양적 문제

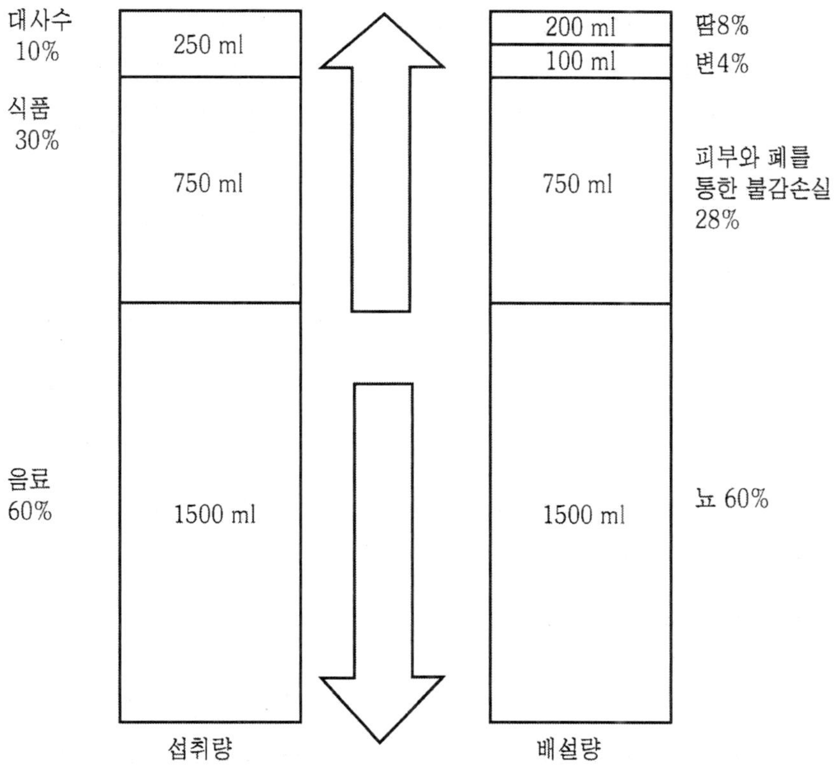

그림 2-2. 인체의 물 섭취량과 배설량

장기간 단백질이 부족하여 혈장의 단백질 농도가 저하되면, 혈액 중의 수분이 세포와 세포 사이의 틈으로 새어나가 부종현상을 유발하게 된다. 즉 혈액(ECF)에 수분을 보유할 수 있도록 충분한 전해질 또는 단백질이 존재하지 않기 때문에 혈액 중의 수분이 혈액을 빠져나가게 되는 것이다.

더운 날 수분을 보충해 주지 않은 채 격심한 육체운동을 계속하거나 수분섭취가 부족한 상태에서 감염에 의해 고열이 발생하는 경우, 또는 장기간 설사가 지속되면 탈수현상이 나타날 수 있다.

체내 총 수분량의 2%를 손실하게 되면 신체는 갈증을 느끼게 되는데, 이때 물을 섭취하면 곧바로 회복될 수 있다. 총 수분량이 4% 정도를 손실하게 되면 근육 피로를 느끼게 되고, 운동 중인 경우에는 지구력이 급격히 저하된다. 탈수가 진행되어 체내 총 수분량의 12%를 손실하면 외부의 높은 기온에 신체가 적응하는 능력을 상실하여 무기력 상태에 빠지게 되는데, 이쯤 되면 갈증을 느껴 물을 마심으로써 수분을 보충하는 기전만으로는 체내의 수분균형을 되찾기가 어려워진다. 체내 총 수분함량의 20%를 손실하면 의식을 잃고 사망하게 된다. 신체는 소장의 80%, 허파나 신장의 한 쪽(50%), 그리고 간의 75%를 떼어 내고도 생명을 유지 할 있으나, 수분의 20%를 상실하면 곧 사망하게 된다.

일단 심각한 탈수증세가 나타난 상태에서 수분을 다시 공급해 줄 경우 수분균형은 회복할 수 있다하더라도 탈수가 진행되는 동안 생성된 노폐물이 신장에 영구적인 손상을 입힐 수 있으므로 주의가 필요하다.

3. 탄수화물과 영양

1) 탄수화물의 정의

탄수화물(Carbohydrates)은 사람이 이용하는 식품 중에서 가장 많이 포함되어 있으며 동물에게도 중요한 에너지의 급원으로서 소화가 잘되고 유용성이 높으며 가격이 저렴하고, 인체가 필요로 하는 열량의 대부분을 공급하는 영양소로서 일명 당질이라고도 한다. 탄수화물은 주로 전분과 당류의 형태로 식품 중에 존재한다. 전분은 곡류와 감자류 중에 함유된 주성분이며, 곡류는 주식으로 구미제국에서는 분상(粉狀)으로, 우리나라 등의 아시아에서는 입상(粒狀)의 형태로 이용되고 있다. 특히 우리나라는 하루에 필요한 열량의 약 70%를 곡류에서부터 얻고 있다.

탄수화물은 탄소(C), 수소(H), 산소(O)로 구성되어 있으며, 식물체내의 엽록소에서 공기중의 이산화탄소와 토양의 물 및 태양에너지를 이용하여 광합성(photosynthesis)에 의해 합성된다. 일반적 탄수화물의 화학식은 $C_n(H_2O)_n$ 이므로 탄수화물 또는 당질이라고 한다.

$$6CO_2 + 6H_2O \xrightarrow[\text{엽록소}]{\text{태양에너지}} C_6H_{12}O_6 + 6O_2$$

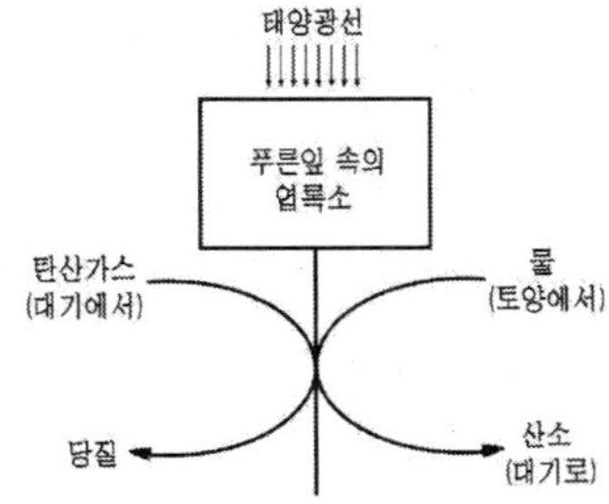

그림 2-3. 광합성과정

2) 탄수화물의 분류

(1) 단당류(Monosaccharide)

단당류 가운데 가장 대표적인 것은 $C_6H_{12}O_6$의 일반식을 가지는 탄소 6개의 6탄당인 포도당(glucose), 과당(fructose), 갈락토스(galactose)와 만노스(mannose)이다. 이들 중 포도당은 자연계에 널리 존재하고 사람의 혈액 중에 약 0.1% 정도 함유되어 있다. 포도당은 우리 몸 안에서 우선적으로 세포에 의해 에너지로 사용되고, 남은 것은 근육이나 간에 글리코겐(glycogen)의 형태로 저장 되거나, 에너지로 저장되기 위하여 지방으로 전환된다.

가장 단맛을 내는 과당은 과일과 꿀에 많이 함유되어 있으며, 갈락토스는 수유동물의 유선에서 생성되나 단당류의 형태로는 천연에 존재하지 않는다. 과당과 갈락토스는 쉽게 포도당으로 전환될 수 있으며, 인체 내에서 포도당은 다당류의 형태로 저장되었다가 필요시 사용 될 수 있다. 만노오스는 자연계에 유리된 상태로는 거의 존재하지 않고 다만 밀감류의 과피, 당밀, 발아 종자 중에 미량이 들어 있다.

(2) 이당류(Disaccharide)

이당류(disaccharides)는 단당류 2분자가 물 1분자를 잃고 결합된 것으로 일반식은 $C_{12}H_{22}O_{11}$이며, 자당(sucrose), 맥아당(maltose), 및 유당(lactose) 등이 여기에 속한다. 자당(설탕)은 포도당과 과당으로 이루어져 있으며 식물계에 널리 분포되어 있고, 특히 사탕수수와 사탕무에 많이 들어 있다. 자당을 invertase에 의해 분해되어 포도당과 과당이 같은 비율로 혼합된 것을 전화당이라고 하며, 이는 식품가공에 널리 이용되고 있다. 맥아당은 2분자의 포도당으로 구성되어 있으며 그 자체로는 자연에 거의 존재하지 않고 고분자의 다당류가 소화를 통하여 분해되는 과정에서 생성된다. 또한 유당은 유즙 중에 주로 존재하며, 소화되는 동안 포도당과 갈락토스로 분해된다. 모든 이당류는 섭취 후에 소화효소에 의해 단당류로 가수분해된 후에 흡수된다.

(3) 소당류(Oligosaccharides)

단당류가 3개에서 10개 정도까지 모여 소당류를 이루며 식품 중에는 많이 들어있지 않고, 대표적인 것은 잔티아노스, 라피노스, 스타키오스 등이 자연계에 존재한다. 또한 소당류는 탄수화물의 소화 및 분해과정에 주로 형성된다.

(4) 다당류(Polysacchride)

다당류란 수백 개 이상의 단당류가 합쳐진 고분자 화합물로서 일반식은 $(C_6H_{12}O_5)n$이며 자연계에 널리, 다량으로 분포되어 있다. 이들은 한가지의 단당류로 된 단순다당류와 여러 종류의 단당류로 된 복합다당류가 있다. 전자에 속하는 다당류에는 전분(starch), 덱스트린(dextrin), 글리코겐(glycogen)과 식이섬유질(dietary fiber)이 있으며, 후자에 속하는 것으로는 셀룰로즈(cellulose), 헤미셀룰로즈(hemicellulose), 펙틴(pectin) 등이 있다.

전분(Starch) 전분은 동물에는 없고 식물에만 존재하며 쌀, 보리, 밀, 옥수수, 감자, 고구마 등에 많은 양의 전분이 존재한다. 전분의 구조는 300개에서 수천 개의 당분자가 서로 결합되어 전분 분자를 이루며, 직선 배열을 가진 전분을 아밀로즈(amylose)라 하고, 가지 연결을 가진 전분을 아밀로펙틴(amylopectin)이라 한다.

이들의 영양학적 기능은 동일하나 물리적인 성질이 다르므로, 식품 중 이들의 함량은 식품제조시 중요한 역할을 한다. 식품 중의 아밀로즈는 겔(gel)을 형성하는 성질이 있으며, 아밀로펙틴은 음식을 걸쭉하게 하는 성질이 있다. 전분은 물에 쉽게 녹지도 않으며 단맛도 없다.

덱스트린(Dextrin) 전분을 수분과 함께 가열하거나 또는 산이나 효소에 의하여 가수분해될 때 생기는 중간 분해산물로서 발아(發芽)하는 종자에 많이 있다. 전분에 비해 분자가 작기 때문에 물에는 잘 녹으나 단맛은 없다.

글리코겐(Glycogen) 동물성 전분이라 불리는 글리코겐은 큰 분자로 되어 있으며, 동물의 간과 근육에 소량 함유되어 있을 뿐 식물성 식품에는 존재하지 않는다. 글리코겐은 몇 백 개부터 만개, 또는 그 이상의 포도당으로 구성되어 있으며 긴 사슬로 서로 연결되어 있다. 글리코겐 분자는 전분 중의 아밀로펙틴 분자와 유사하나 가지가 더 많은 구조를 보인다.

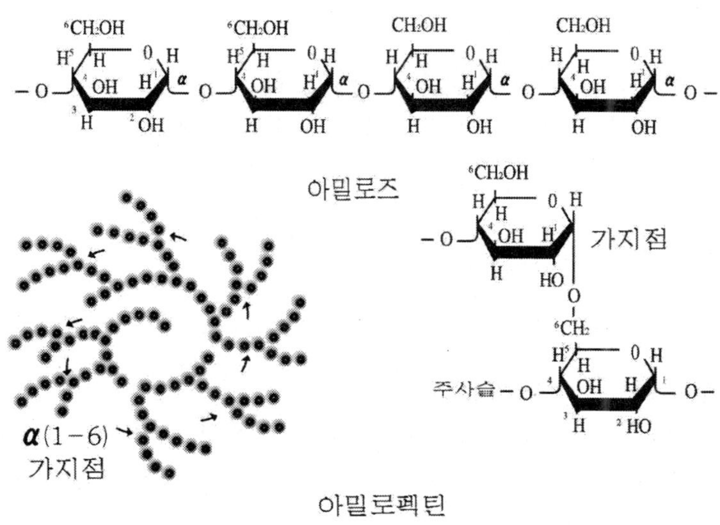

그림 2-4. 아밀로즈와 아밀로펙틴의 구조

음식으로부터 유리된 포도당은 간과 근육에 들어가서 글리코겐으로 저장된다. 간 속의 글리코겐은 간 중량의 10%인 약 100g에 달하며 혈당량이 내려가거나 포도당이 에너지 급원으로 필요할 때, 간에 저장되었던 글리코겐은 다시 포도당으로 분해되어 혈액으로 운반된다. 근육은 간보다 더 많은 양의 글리코겐이 저장하는데 약 325g 정도이며, 15g에서 20g 정도의 포도당만이 혈당으로 혈액에 존재한다.

3) 탄수화물의 기능

(1) 에너지의 급원

탄수화물은 우리 체내에서 연소되어 1g당 4kcal의 에너지를 내며 다른 열량 영양소에 비해 소화 · 흡수율이 높고 섭취되어 흡수될 때까지의 시간도 짧기 때문에 급히 피로를 회복해야 할 필요가 있을 때 효과적이다.

(2) 단백질의 절약작용을 한다.

적당한 당질 섭취는 조직단백질 유지에 도움을 준다. 정상적인 상태에서 단백질은 성장과 체내조직 보수에 핵심적인 역할을 한다. 당질의 섭취가 부족하게 되면 체구성과 조직의 보수에 사용되어야 할 단백질이 에너지원으로 쓰이게 되므로 단백질 고유의 기능을 하지 못하게 된다. 대신 신체는 저장된 단백질, 특히 근육단백질이 일시적으로 감소된다. 심한 경우 근육조직이 심각하게 감소되고, 신장은 단백질 분해로 생기는 질소를 포함한 부산물을 배설하는 부담을 갖게 된다.

(3) 필수영양소로서의 기능을 한다.

만약 불충분한 양의 당질을 섭취하거나 글리코겐 저장량이 부족하게 되면 신체는 보통 때보다 더 많은 저장지질을 분해하여 사용하게 된다. 결과적으로 지질의 불완전연소가 일어나고 케톤체(ketone bodies)라 불리는 산성 부산물이 생성되는데 케톤체는 혈액을 산성화하며 과잉으로 생성되면 혈액의 산도가 높아지는 케토시스(ketosis)가 발생하여 유해한 결과를 가져온다.

(4) 중추신경계를 움직이는 유일한 에너지원이다.

다른 신체의 조직은 당질이 부족 되면 지방이나 단백질을 간접적인 에너지원으로 이용할 수 있으나 중추신경계는 당질이 유일한 에너지원이다.

4) 식이섬유질(Dietary fiber)의 영양학적 의의

식이섬유질은 주로 세포벽을 구성하는 물질로서, 식품 중 인체의 소화효소에 의해 가수분해되지 않고 남는 물질을 통틀어 일컫는 말이다. 식이섬유질은 물에 대한 친화성에 따라 수용성과 불용성으로 나눌 수 있다. 수용성 식이섬유질은 과일에 많이 들어있는 펙틴질과 구아검, 해조다당류 등이며 불용성 식이섬유질은 세포벽 구성물질인 셀룰로즈, 헤미셀룰로즈, 리그닌 등이 있다.

표 2-2. 식이섬유질의 종류와 특성

종 류	급 원	화학적 성질	기 능
셀룰로즈	전곡류 통 밀	불용성	분변량 증가 장통과시간 감소 결장내압 감소
헤미셀룰로즈	전곡류 통 밀 채소와 과일	불용성	분변량 증가 장통과시간 감소 결장내압 감소
리 그 닌	채 소	불용성	분변량 증가 콜레스테롤 흡수 방해 발암인자 흡수 방해
펙 틴	과 일	수용성	위를 비우는 속도 저하 당 흡수 감소 혈청 콜레스테롤 감소
검	두 류 귀 리	수용성	위를 비우는 속도 저하 당 흡수 감소 혈청 콜레스테롤 감소

식이섬유질은 필수영양소는 아니지만 저섬유질식을 하는 사람들은 정제하지 않은 곡류나 채식을 하는 사람들보다 장질환이 많은 것으로 알려져 있다. 일반적으로 섬유질은 수분함유 능력이 크고 점성도가 높으며, 결합력과 흡착력이 커서 팽윤하는 성질이 있으므로 장내용물의 부피를 크게 하여 장벽을 자극하고 장운동을 촉진시킨다. 따라서 장 내용물의 장 통과시간을 단축시켜 배변을 좋게 한다. 이러한 기능은 주로 불용성 섬유질의 작용에 의한 것이다. 또한 펙틴과 같은 수용성 섬유질은 물에 용해되어 끈적끈적해지고 점성이 증가하므로 함께 섭취된 포도당이나 지방성분 등의 소화흡수를 지연시킨다. 따라서 식후 혈당상승이나 혈액중 콜레스테롤의 상승을 억제시킬 수 있다. 그 외에도 식이섬유질은 담즙산이나 유해물질을 흡착하여 배설시키므로 식이섬유질이 많은 식사를 할 경우 직장암이나 게실증, 비만, 동맥경화증의 발생빈도를 줄일 수 있고 당뇨병의 치료에도 도움이 될 것이다.

식물성 식품에는 여러 종류의 식이섬유질들이 다양하게 들어있으며 하루에 권장하는 총 식이섬유질의 양은 20~25g, 또는 10g/1,000kcal 정도이다. 우리나라 국민들은 식물성식품의 섭취가 매우 높음에도 불구하고 최근의 한 조사에서 식이섬유질 섭취량이 1일 20g에도 미치지 못한 것은 주식인 쌀이 백미로서 식이섬유질 함량이 낮은 것이 그 원인으로 지적되었다. 그러나 과량의 식이섬유질 섭취는 철분이나 아연과 같은 미량원소의 흡수를 방해한다는 보고도 있으므로 지나친 섭취는 삼가 하여야 한다.

5) 탄수화물과 관련된 영양적 문제

탄수화물에 관련된 영양적 문제는 당뇨병, 비만, 유당 불내성 등이 있으며, 당뇨병과 유당 불내성은 탄수화물과 직접적인 관련이 있으나 비만은 식품의 과다섭취, 활동부족 등이 그 원인이 될 수 있다. 비만과 당뇨병은 각각 5장과 6장에서 상세하게 다루어지므로 여기서는 생략하고 유당 불내성에 대한 것만 설명하고자 한다.

유당 불내성(galactosemia)은 모유 또는 우유를 섭취하였을 경우 소장 내에 유당을 가수분해하는 락타아제의 부족으로 인하여 유당을 완전히 소화되지 못한 채로 대장으로 운반된 후 장내세균에 의해 발효되어 가스를 형성함으로써 복통과 설사를 일으키는 증상을 말한다. 모유나 우유를 섭취하는 어린이와 정상 성인은 장내에 유당을 가수분해하는 락타아제를 충분히 분비함으로서 우유 섭취 시에는 유당이 완전하게 소화되어 소장에 흡수가 된다. 유당 불내성 증상은 비교적 우유 섭취량이 적은 아프리카, 아시아인들이 유럽 및 구미 등의 백인에 비해 많이 나타난다. 이런 증상이 있는 사람은 적은 량의 우유를 지속적으로 섭취하여 그 양을 증가하면 치유될 수 있다.

6) 탄수화물의 급원식품

탄수화물은 대부분 식물성 식품에서 공급되며 곡류는 전분과 섬유소를 많이 함유하고 있는 대표적인 식품이며, 우리나라의 주된 곡류는 쌀이다. 동물성 식품으로는 우유나 유제품이 유당의 함량이 많은 좋은 급원이다. 곡류나 감자류는 세계 각국의 주식으로 중요한 급원식품이며 과자류, 빵류, 떡류 및 국수류 등의 탄수화물 식품을 만드는 재료가 되고 있다. 채소나 과일류는 섬유소의 좋은 급원이며, 과일에는 당질의 함량이 비교적 높은 편이다.

4. 지질과 영양

1) 지질의 정의와 구조

지질(lipid)은 물에는 용해되지 않으나 chloroform, benzene, ether 같은 유기용매에 잘 용해되며, 당질과 단백질에 비해 탄소원자당 산소원자수가 상대적으로 적게 함유된 물질로써 중요한 기능을 가지고 있다. 일반적으로 '지질(lipid)'이라 함은 상온에서 고체상태의 지방(fat)과 액체상태의 기름(oil)을 다 포함해서 사용되는 용어이지만 식품에 따라서는 온도에 따라 그 형태가 변하므로 보통 지방, 또는 기름을 구별하지 않고 사용하기도 한다.

지질은 그림 2-5에서처럼 글리세롤(glycerol) 한 분자에 세 분자의 지방산이 에스테르(ester)결합으로 연결되어 한 분자를 이룬 것이다. 한 분자의 glycerol에 한 개의 지방산만 결합되어 있으면 monoglyceride (MG), 두개이면 diglyceride(DG), 셋이면 triglyceride(TG)라고 명명하며, 특히 triglyceride를 중성지방이라고 한다. 식품이나 체내에서 저장될 때 모든 지방의 약 95%는 triglyceride(TG)의 형태, 즉 중성지방으로 존재한다. 이때 중성지방이 액체 또는 고체 상태로 존재하느냐는 구성하고 있는 지방산의 종류에 따라 좌우된다.

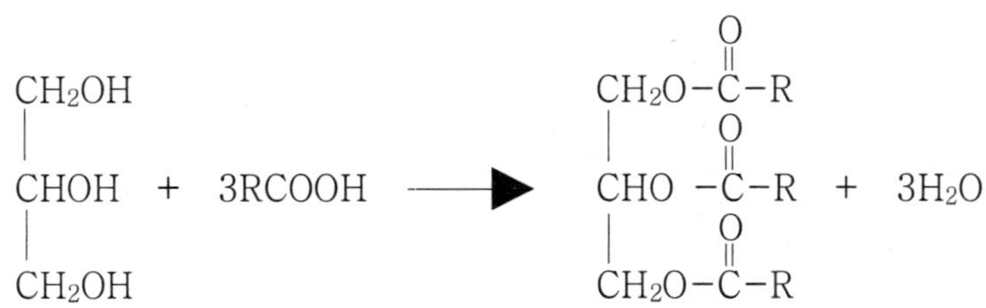

그림 2-5. 중성지방의 구조

2) 지방산의 종류

지방산은 탄소와 탄소가 연속적으로 결합되어 있는데 첫 번째 탄소는 메틸(CH_3)기로 되어 있고 다음의 탄소 하나 하나에 수소원자가 결합되어 있으며, 마지막 끝에는 산소를 함유한 카복실기(carboxyl, $-COOH$)로 구성되어 있다. 지방산은 탄소수와 그 포화도에 따라 여러 가지로 나눌 수 있으며 한 분자의 glycerol에 결합되는 지방산은 같은 종류일 수도 있고 또 다른 종류일 수도 있다.

(1) 포화지방산과 불포화지방산

지방산을 구성하는 탄소와 탄소의 결합이 단일결합으로 모두 수소로 포화되어 있다. 포화지방산에는 탄소의 수가 증가할수록 상온에서 융점이 높아진다. 이때 탄소수가 4~8개일 때를 저급지방산(short-chain fatty acid)이라 하며 우유나 버터 등에 비교적 많이 함유되어 있다. 탄소수가 8~12개 정도로 구성된 지방산을 중급지방산(medium-chain fatty acid)이라 하며 탄소수가 12개 이상인 지방산은 고급지방산(long-chain fatty acid)이라 하며, 동물성 식품에는 대개 탄소수가 16~18개인 포화지방산이 많이 함유되어 있어 상온에서 고체 상태로 존재한다.

지방산을 구성하는 탄소와 탄소의 결합이 이중결합이 있을 때 불포화지방산이라고 하며 이중결합이 하나일 때는 단일불포화지방산(monounsaturated fatty acid, MUFA), 두 개 이상 있을 때는 다가불포화지방산(polyunsaturated fatty acid, PUFA)이라고 한다. 다가불포화지방산은 탄소의 수와는 상관없이 상온에서 액상으로 존재하며, 이중결합의 수가 많을수록 낮은 온도에서도 액체 상태를 나타낸다. 식물성 기름은 불포화지방산을 많이 함유하여 상온에서도 액체 상태를 나타내다. 불포화지방산은 화학적으로 불안정하여 공기 중의 산소나 광선에 의하여 쉽게 산화된다.

(2) 필수지방산(Essential fatty acid)

정상적인 인체를 유지하기 위해 체내에서 합성이 불가능하거나 합성되는 양이 부족하여 식품으로부터 섭취해 주어야 만 하는 지방산을 필수지방산(essential fatty acid)이라 한다. 필수 지방산은 체내에서 합성되지 않은 오메가-3 지방산인 리놀렌산(linolenic acid), 오메가-6 지방산인 리놀레인산(linoleic acid)과 합성은 되나 그 양이 부족한 아라키돈산(arachidonic acid)이다.

필수지방산은 세포 내에서 주요한 구조를 이루어 면역체계나 시력, 두뇌작용, 세포막, 호르몬 등 여러 가지 기능을 하므로 총 열량의 1~2% 정도는 반드시 섭취할 것을 권장한다. 필수지방산이 결핍되면 피부병과 설사 증세가 보이고 성장이 지연된다. 그러나 다행히도 필수지방산은 일반적인 식용유에 리놀레인산으로 약 50% 정도 함유되어 있으므로 하루에 식물성 기름 1 큰 술 정도면 필수지방산 공급이 충분하기 때문에 결핍증세가 생기는 경우는 흔하지 않다. 필수지방산이 결핍되면, 습진성 피부염, 성장발육, 생식기능장애 및 지방간 등과 같은 증세가 나타난다.

(3) 오메가(ω, Omega)지방산

지방산에서 이중결합이 몇 번째 탄소에서부터 시작하느냐에 따라, 체내에서 대사될 때 큰 차이가 있다. 만일 이중결합이 메틸기(CH_3) 끝에서부터 세어 세 번째 탄소에서부터 시작하면 오메가-3(omega-3, ω-3) 계열의 지방산이라 하며 대표적인 지방산은 linolenic acid(ω-3 $C_{18:3}$)로서 탄 소수는 18개, 이중결합은 탄소 3번부터 시작해서 세 개가 있다는 뜻이다. 이중결합이 메틸기(CH_3) 끝에서부터 세어 여섯 번째 탄소에서부터 시작하면 오메가-6(omega-6, ω-6) 계열의 지방산이며 대표적인 지방산은 linoleic acid(ω-6 $C_{18:2}$)로서 탄 소수는 18개, 이중결합은 탄소 6번부터 시작해서 2개가 있다.

오메가-3 지방산은 세포 내에서 대사되어 같은 계열의 오메가-3 지방산으로 대사될 때 오메가-6 지방산 면역반응이나 혈소판 응집을 억제하는 호르몬 같은 중요한 물질을 생성하는 기능을 갖는다. 오메가-3 계열의 지방산에는 EPA(eicosapentaenoic acid, $C_{20:5}$)와 DHA(docosahexaenoic acid, $C_{22:6}$) 등이 있으며, 오메가-6와 오메가-3 지방산이 함유된 식품의 종류를 표 2-3을 참고하여 식생활에서 많이 활용하는 것이 바람직하다.

표 2-3. 식품의 오메가-6와 오메가-3 지방산 함량 (g/100g)

식 품 명	linoleic acid (ω-6)	linolenic acid (ω-3)	식품명	EPA (ω-3)	DHA (ω-3)
홍 화 유	73.0	0.5	고등어	1.45	2.16
옥수수유	53.0	1.0	청 어	1.05	1.29
현 미 유	36.6	1.6	꽁 치	0.50	0.80
참 기 름	40.0	0.5	연 어	0.25	0.73
호도기름	55.0	10.4	송 어	0.12	0.50
콩 기 름	51.0	7.0	넙 치	0.16	0.22
들 기 름	14.0	60.0	새 우	0.28	0.16
아 마 유	15.0	53.3	오징어	0.27	0.64
평지씨유	12.7	11.1	가 재	0.24	0.12
			굴	0.11	0.09

3) 지질의 분류

식품에 함유되어 있는 지질은 그 구성성분에 따라 단순지질, 복합지질, 유도지질로 나눈다.

(1) 단순지질

단순지질은 앞에서 설명한 것과 같이 글리세롤 혹은 알코올과 지방산으로만 구성된 지질을 말한다. 여기에는 monoglyceride, diglyceride, triglyderide와 wax가 여기에 속한다. 식품 중에 함유한 지질의 대부분을 차지한다.

(2) 복합지질

복합지질은 글리세롤과 지방산 이외에 인산, 당질, 단백질 등을 포함하고 있으며, 이들 성분은 체내에서 대사 및 생리작용에 중요한 역할을 하는 것이 많다.

인지질(Phospholipid) 인지질은 모든 세포막을 구성하는 성분으로서 중성지방과 비슷한 구조이지만, glycerol 한 분자에 두 개의 지방산이 결합되어 있고, 다른 하나는 콜린(choline)과 같은 것을 인산에스테르결합을 하고 있는 것이 특징이다.

우리가 섭취하는 인지질의 량은 중성지질에 비해 매우 적다. 체내에는 여러 가지 종류의 인지질이 존재하는데, 레시틴은 모든 세포막의 중요한 구성성분으로써 작용하며, 뇌조직 등에는 스핑고미엘린(sphingomyelins), 세팔린(cephalin), 세레부로사이드(cerebroside) 등의 인지질이 많이 함유되어 중요한 기능을 한다. 그러나 인지질은 식품에 많이 함유되어 있으며 체내에서 필요하다면 언제든지 합성되어질 수 있다.

당지질(Glycolipid) 당지질은 글리세롤 대신에 스핑고신(sphingosine)에 지방산 한 분자와 갈락토스가 결합되어 동물의 뇌, 신경조직과 일부의 세포막에 존재하며 지방의 운반에 중요한 역할을 한다.

단백지질(Lipoprotein) 지방은 쉽게 물과 혼합되지 않기 때문에 혈액 내에서 운반되기 위해서는 단백질, 인지질 등이 결합된 지단백(lipoprotein)을 형성하여야 한다. 혈액에는 지방산, 중성지방(TG), 콜레스테롤(cholesterol), 인지질 등의 지질이 존재하며 지단백은 이들 각각의 지질이 어떤 비율로 결합하느냐에 따라 지단백의 비중과 크기가 달라진다. 그 비중에 따라 chylomicron, VLDL(very low density lipoprotein, 초저밀도지단백), LDL(low density lipoprotein, 저밀도지단백), HDL(high density lipoprotein, 고밀도지단백)의 네 가지 종류로 분류된다.

Chylomicron은 비중이 가장 낮은 지단백으로 중성지방의 함량이 가장 많으며 식사에서 섭취한 중성지방을 운반한다. VLDL은 주로 내인성 중성지방을 운반하며, LDL은 주로 간의 콜레스테롤을 말초조직으로 운반하는 역할을 하므로 LDL의 증가는 동맥경화 발생과 관련이 많다. HDL은 인지질과 단백질의 함량이 가장 높으며 말초조직에서 간으로 콜레스테롤을 운반하므로 HDL의 증가는 동맥경화의 위험을 낮추는 것을 의미한다.

(3) 유도지질

유도지질은 유기용매에 녹는 일반적인 유지의 성질을 가지고 있으나 비누화(saponification)되지 않는 스테롤(sterol)류, 탄화수소, 지용성 비타민 등이 포함된다. 스테롤류는 동·식물에 널리 분포되어 있으며, 콜레스테롤(cholesterol), 에르고스테롤(ergosterol) 등이 있다.

콜레스테롤(Cholesterol) 콜레스테롤(cholesterol)은 거의 모든 동·식물 중에 함유되어 있으며, 특히 뇌, 신경조직, 혈액 중에 그 함량이 많다. 콜레스테롤은 담즙산, 성 호르몬, 부신피질 호르몬, 비타민 D의 모체가 된다. 콜레스테롤은 체내에서 지방을 혈중으로 운반하는 것을 도우며, 해독(解毒)작용과 적혈구 보호 작용 등의 중요한 생리기능을 갖는다.

식생활에서 보통 매일 300~500mg 정도의 콜레스테롤을 섭취한다. 그러나 콜레스테롤은 간에서 새롭게 합성할 수 있으며, 매일 지속적으로 콜레스테롤이 많이 함유된 식품을 섭취하게 되면 혈액의 콜레스테롤 수준이 높아지게 된다. 혈중의 농도가 높으면 고혈압이나 동맥경화를 유발하는 원인이 되므로 섭취하는 콜레스테롤의 양을 줄이는 것이 혈중 콜레스테롤 농도를 낮추는 방법이 된다. 그러므로 콜레스테롤이 많이 함유된 식품으로 표 2-4를 참고하여 평소에 식이요법 할 때 사용하는 것이 현명하다.

에르고스테롤(Ergosterol) 에르고스테롤은 식물성 스테롤로서 주로 하등식물인 버섯, 효모 등에 많이 함유되어 있다. 인체에 함유된 에르고스테롤은 자외선에 의하여 비타민 D로 전환될 수 있는 비타민 D의 전구체이다.

표 2-4. 식품 중의 콜레스테롤(cholesterol) 함량 (mg/100g)

식 품 명	함 량	식 품 명	함 량
쇠 고 기	55~75	대 두 유	1
소 간	240	해바라기씨기름	0
돼지고기	55~65	참 기 름	0
돼 지 간	250	마 가 린	1
닭 고 기	70~110	버 터	100
닭 간	370	치 즈	80
양 고 기	75	쇠 기 름	100
오리고기	80	돼지기름	100
토끼고기	65	가다랭이	65
달걀 : 전란	470	갈 치	80
난백	1	고 등 어	55
난황	1,300	방 어	70
소 시 지	60	복 어	60
베 이 컨	60	붕 장 어	160
햄	40	잉 어	75
우 유	11	장 어	200
인 유	15	전 갱 이	70
요구르트	11	굴	50
유산균음료	1	전 복	140
전지분유	95	문 어	90
탈지분유	25	새 우	130
조제분유	28	오 징 어	300

4) 지질의 기능

(1) 효율적인 에너지원이다.

체내에서 연소하여 1g당 9kcal의 높은 에너지를 발생하므로 적합한 에너지의 급원이다.

(2) 체구성요소

인지질 및 콜레스테롤은 세포의 구성성분으로서 특히 뇌, 신경계통, 간장, 기타 인체의 주요 기관에 많이 존재한다.

(3) 중요한 장기의 보호 및 체온조절

피하조직에 축적된 지질은 절연체의 작용으로 체온유지에 중요한 역할을 하며 외부의 충격으로부터 내장기관을 보호한다.

(4) 신체의 기능 조절

각 세포막조직의 구성 요소가 되며 인지질과 필수지방산은 각 세포 내외에서의 영양소대사에 중요한 작용을 한다.

(5) 지용성 비타민류의 용매

유지류는 지용성 비타민류를 용해하며 간유, 버터 등의 유지류는 지용성 비타민의 급원이 되고 또 기름을 조리에 사용하면 지용성 비타민의 체내 흡수율과 이용률을 높여준다.

(6) 비타민 B_1의 절약작용

지질은 연소될 때 당질과 달리 비타민 B_1을 필요로 하지 않으므로 비타민 B_1의 결핍으로 인한 대사장애를 초래하지 않는다.

5) 지질과 관련된 영양적 문제

지질과 관련된 영양학적 문제는 대부분이 순환기에 관련한 영양학적 문제가 발생한다. 즉, 고지혈증, 고콜레스테롤증, 동맥경화, 고혈압, 관상 동맥질환 등 순환기인 혈관과 관련된 질환이다. 이외에 다량을 섭취한 경우에 비만에 많은 영향을 준다. 이들의 원인과 증상, 예방과 식이요법에 대하여 7장에서 상세하게 설명할 것이므로 여기서는 생략 한다.

필수지방산이 결핍증은 습진성 피부염, 성장발육, 생식기능장애 및 지방간, 설사 증세와 성장의 지연을 초래하나, 식물성 유지에 필수지방산을 많이 함유하고 있기 때문에 흔히 나타나지 않는다.

6) 지질의 급원식품

(1) 동물성 유지

식품으로 공급되고 있는 동물성 유지는 버터, 우지, 돈지, 어유 등이 있다. 버터는 우유 중의 지방을 원심분리하여 얻은 크림을 발효시킨 것으로서 비타민 A가 많이 함유되어 있으며 소화가 잘되고 맛이 좋아 널리 이용되고 있다.

우지(牛脂, beef tallow)와 라드(豚脂, lard)는 소와 돼지의 지방조직에서 얻는 것으로 신장의 지방이 품질이 좋다. 우지는 정제하여 마가린이나 쇼트닝(shortening)의 원료로 사용되며 라드는 우지보다 포화지방산이 다소 적은 반면에 linoleic acid가 6% 정도 더 많이 함유되어 있어 우지보다 부드럽고 연하며, 마가린, 쇼트닝의 원료로 사용되고 있다.

생선의 지질은 대부분 중성지질로서 붉은 살 생선에는 지질함량이 많은 반면에 흰 살 생선에는 적다. 어유에는 오메가-3 계열의 지방산인 EPA와 DHA 등이 많이 함유되어 있어 건강상 유익한 것으로 주목되고 있으며 또한 간유에는 비타민 A, D가 많이 함유되어 있다.

(2) 식물성 유지

대두유, 옥수수기름, 참기름 등의 식물성 유지는 동물성 유지에 비해 구성지방산 중에 불포화지방산의 함량이 높고, 많은 양의 필수지방산을 함유하고 있기 때문에 영양학적인 측면에 매우 우수한 지방의 공급원이다. 또한 식물성 유지는 동물성 유지에 비해 동맥경화, 고혈압, 고콜레스테롤증을 유발하는 콜레스테롤의 함량이 낮다. 따라서 지방의 섭취는 동물성 유지보다는 식물성 유지를 섭취하는 것이 바람직하다.

마가린과 같이 식물성 유지에 수소를 첨가하여 제조한 유지를 경화유라고 한다. 이들은 불포화지방산이 포화지방산으로 전환되기 때문에 영양적 면에서는 우수하다고 볼 수 없으나 포장 및 저장이 용이한 것이 장점이다. 경화유의 대표적인 식품인 마가린은 버터를 대신하여 많이 사용되고 있다.

5. 단백질과 영양

단백질은 모든 생물 체세포의 주성분인 동시에 에너지도 공급해 주는 중요한 영양소이다. 단백질의 구성원소는 탄소(C), 수소(H), 산소(O) 이외에 전체 구성성분의 16% 정도에 해당되는 질소(N)를 함유하고 있어 다른 영양소가 단백질의 기능을 대신 할 수 없다. 그밖에 황(S), 인(P), 요오드(I), 철분(Fe), 구리(Cu) 등의 무기질 성분을 가지고 있다.

단백질의 또 하나의 특징은 수 백 · 수천 개의 아미노산(amino acid)이 펩타이드결합하여 단백질을 구성하고 있기 때문에 당이나 지질보다는 분자가 크고 복잡하다. 따라서 단백질의 구조나 성질을 이해하려면 먼저 그 구성단위인 아미노산을 이해하여야 한다.

1) 아미노산의 구조와 종류

(1) 아미노산(Amino acid)의 종류

20종류 이상의 아미노산이 단백질의 구성성분으로 알려져 있으며, 단백질은 아미노산의 조성과 배열순서에 따라 모든 것이 결정된다. 아미노산의 일반식은 $R-CH(NH_2)COOH$로 나타낼 수 있으며, 한 분자 내에 염기성인 아미노기($-NH_2$)와 산성인 카복실기($-COOH$)를 동시에 갖고 있으므로 산·염기성을 동시에 나타내는 양성(兩性)물질이다. Glycine을 제외하고 모든 아미노산은 거울이성체(입체이성체)로서 D, L형이 존재하나 자연계 존재하는 단백질을 구성하는 아미노산은 L형 아미노산이다.

아미노산의 종류는 알기(R-)의 구조에 따라 중성, 산성, 염기성 아미노산으로 분류하고, 영양학적으로는 체내에서 합성되지 않는 필수 아미노산과 합성이 가능한 비필수 아미노산으로 구분한다.

(2) 필수아미노산

단백질을 구성하고 있는 아미노산은 20여종이 있으며, 단백질 합성에 사용되는 아미노산 중 10여종은 식사에서 섭취된 것이 사용되거나 필요할 때마다 체내에서 충분한 양이 합성되어 사용된다. 그러나 8종의 아미노산은 체내에서 전혀 합성되지 않거나 합성량이 매우 적어서 반드시 식사에서 필요량을 모두 섭취하지 않으면 안된다. 이들을 필수아미노산(essential amino acid, EAA)이라고 하며 라이신(lysine), 루이신(leucine), 이소루이신(isoleucine), 발린(valine), 메티오닌(methionine), 페닐알라닌(phenylalanine), 트레오닌(threonine), 트립토판(tryptophane)이 여기에 속한다. 성장기의 아동과 수술 후 회복기의 환자에게는 알지닌(arginine)과 히스티딘(histidine)도 필수아미노산에 속한다.

표 2-5. 아미노산의 종류

필 수 아 미 노 산	비 필 수 아 미 노 산
라이신(lysine)	알라닌(alanine)
루이신(leucine)	아스파라진(aspagine)
이소루이신(isoleucine)	아스파틱산(aspartic acid)
발린(valine)	시스테인(cysteine)
메티오닌(methionine)	글루타민산(glutamic acid)
페닐알라닌(phenylalanine)	글루타민(glutamine)
트레오닌(threonine)	글라이신(glycine)
트립토판(tryptophane)	프롤린(proline)
알지닌(arginine)	세린(serine)
히스티딘(histidine)	타이로신 (tyrosine)

2) 단백질의 분류

단백질은 화학적 성질, 구성성분, 구조 등을 기준으로 하여 단순단백질, 복합단백질, 유도단백질로 나눈다.

단순단백질은 아미노산만으로 이루어진 것으로서 알부민(albunin), 글로불린(globulin), 글루테린(glutelin), 프롤라민(prolamin) 등이 있다.

복합단백질(Conjugated protein)은 단백질 이외에 당질, 지질, 인산, 색소 등이 결합되어 있다. 카제인(casein)과 비텔린(vitellin)은 인산이 결합된 인단백질(phospoprotein)이며, 오보뮤코이드(ovomucoid)는 당이 결합된 당단백질(glycoprotein), 헤모글로빈(hemoglobin)은 색소가 결합된 색소단백질(chromoprotein)이다.

유도단백질(Derived protein)은 단순단백질과 복합단백질이 물리적, 화학적 처리에 의하여 변성된 단백질이다. 즉, 단백질이 소화효소의 작용으로 가수분해되면서 아미노산이 차차 제거되어 작은 분자로 분해되는 과정에서 생성되는 물질들이다. 프로테오즈(proteose), 펩톤(peptone), 폴리펩타이드(polypeptide), 트리펩타이드(tripeptide), 디펩타이드(dipeptide) 등이 있다.

3) 단백질의 영양가

단백질의 영양가는 그 단백질을 구성하는 아미노산의 종류와 양에 따라 달라진다. 우유의 카제인(casein)이나 락토알부민(lactalbumin), 난황의 오브알부민(ovalbumin), 기타 육류 단백질 등 대부분의 동물성 단백질과 대두의 글라이시닌(glycinine) 등은 모든 필수아미노산을 비교적 풍부하게 가지고 있는 질이 좋은 단백질이다. 그러나 쌀의 오리제닌(oryzenin), 밀의 글리아딘(gliadin), 보리의 호르데인(hordein) 등 대부분의 식물성단백질은 필수아미노산을 모두 함유하고 있으나 한 두 가지의 필수아미노산의 함량이 부족하다. 이때 부족되는 아미노산을 그 단백질의 질을 숫자적으로 표시하는 방법으로는 생물가(biological value : BV)와 단백가(amino acid score)가 가장 많이 쓰인다. 일반적으로 생물가가 70 이상이면 양질의 단백질로 평가된다. 아래에 단백가와 생물가 산출식과 몇 가지 식품의 생물가를 제시하였다.

$$\text{생물가} = \frac{\text{보유된 질소량}}{\text{흡수된 질소량}} \times 100$$

$$= \frac{\text{식이질소량} - (\text{소변질소량} + \text{대변질소량})}{\text{식이질소량} - \text{대변질소량}} \times 100$$

$$\text{단백가} = \frac{\text{식품중 제1제한아미노산의 양(mg/gN)}}{\text{FAO 표준아미노산조성(mg/gN)}} \times 100$$

표 2-6. 주요 식품의 단백질 함량과 생물가

식 품	단백질함량(%)	생 물 가	식 품	단백질함량(%)	생 물 가
쇠 고 기	20.1	79	쌀	6.5	73
닭 고 기	20.7	75	보 리	10.2	74
돼지고기	20.7	79	밀 가 루	11.2	53
내장고기	18.1	77	조	10.1	61
새 우	17.8	75	참 깨	19.7	63
고 등 어	18.0	84	감 자	2.4	67
건 멸 치	61.6	74	달 걀	12.7	100
오 징 어	16.9	83	우 유	2.9	88
대 두	41.3	77	열 무	3.0	53
땅 콩	23.4	57	건표고버섯	18.7	81

4) 단백질의 기능

(1) 혈청 단백질을 형성한다.

혈청 내에는 여러 종류의 단백질이 상당량 함유되어 있으며 혈청 알부민(serum albumin)은 새로운 조직을 형성할 때 제일 먼저 단백질을 공급해 주고 그 외 영양소를 각 조직으로 운반해 준다. 혈청 글로불린(serum globulin)은 구리(Cu)와 철분(Fe)을 운반해 주는 알파글로불린(α-globulin)과 베타글로불린(β-globulin), 병균의 침입에 대한 방

어작용을 하는 감마글로불린(γ-globulin)이 있다.

(2) 새로운 조직을 형성한다.

한번 생성된 세포가 일정한 수명이 지나면 분해되어 배설되므로 새로운 세포가 합성되어야 한다. 성장기의 어린이는 성장이 계속되므로 단백질의 필요량이 크고 출혈, 화상, 외과적 수술을 받은 환자나 고열을 동반한 전염성 질환자는 더 많은 양질의 단백질을 필요로 한다.

(3) 효소, 호르몬, 글루타티온(glutathione)을 합성한다.

효소, 호르몬 등은 거의가 단백질로 구성되어 있으며 아드레날린(adrenalin)은 아미노산인 티로신(tyrosine)의 유도체이다. 갑상선호르몬인 티록신(thyroxine), 당질대사에 관여하는 인슐린(insulin)은 아미노산의 유도체이다. 글루타티온은 글루타민산(glutamic acid), 시스테인(cysteine), 글리신(glycine)의 세 가지 아미노산이 결합된 물질로서 동·식물의 조직내에서 산화·환원 작용을 조절해 준다.

(4) 에너지를 낸다.

섭취한 단백질은 체조직을 구성하는데 사용되고 남은 양은 연소하여 단백질 1g당 4kcal의 에너지를 낸다. 만약 에너지 섭취량이 부족하게 되면 단백질은 에너지원으로 쓰이게 되어 신체조직의 소모가 일어날 수 있다.

(5) 체내의 여러 생리기능을 조절한다.

단백질은 산·알칼리 이온과 모두 반응하는 양성(兩性)물질이므로 체액의 성분을 중성으로 유지하는데 중요한 작용을 한다. 그리고 세포막 내외의 체액은 전해질의 삼투압과 단백질 함량에 따라 조절되는데 만약 전해질 대사의 이상이나 단백질 부족으로 혈장 알부민이 떨어지면 체액이 조직에 축적되어 부종(edema)현상이 일어난다.

5) 아미노산의 상호보완 효과

식품 속의 단백질을 구성하고 있는 아미노산은 단백질의 종류에 따라 조성이 다르다. 만일 제한 아미노산의 종류가 서로 다른 두 종류 이상의 단백질을 같이 섭취하게 되면 각각의 단백질에서는 부족한 제한 아미노산이 상호 보충되어 단백질의 질이 높아질 수 있다. 이를 아미노산의 상호보완 효과라 하며 단백가나 생물가가 낮은 식품이라도 동일 종류의 단백질만 섭취하는 것보다는 여러 종류의 단백질을 같이 섭취하는 것이 훨씬 바람직하다. 예를 들면 쌀이나 보리, 밀 등의 곡류에는 주로 라이신과 트레오닌이 부족하며 두류나 육류, 그리고 우유에는 메티오닌이 적고 옥수수는 트립토판과 라이신이 부족한 편이다. 따라서 쌀과 보리의 혼식보다는 쌀과 콩의 배합이 아미노산의 보완효과가 더 크다. 이와 같은 보완효과는 시간 차이를 두고 섭취하는 것보다는 동시에 두 단백질을 섭취할 때 가장 큰 효과가 나타난다.

6) 단백질과 관련된 영양적 문제

(1) 단백질 섭취 부족에 따른 질환

단백질 섭취량이 필요량보다 적게 되면 체단백질의 붕괴가 일어나고, 피부의 탄력성이 저하되며, 빈혈 또는 면역기능의 저하가 나타난다. 성장기 어린이에서 나타나는 극심한 단백질 또는 열량 부족증으로 콰시오커(kwashiorkor)와 마라스무스(marasmus)가 있다.

콰시오커는 저개발국의 성장기 어린이(1~4세)에게 흔히 나타나는 극심한 단백질 결핍증으로 머리와 배만 크고, 팔다리는 말라서 잘 걷지도 못하는 성장정지 현상이다. 혈액 단백질 농도의 감소로 인해 배에 복수가 차는 영양결핍성 부종현상 이외에도 지방간, 머리카락의 변색, 피부염 및 신경계 이상 등의 증상이 나타난다. 콰시오커에 걸린 어린이에게 지방이 제거된 탈지분유(농축된 단백질 급원)를 공급해 주면 2~3주 내에 거의 완전하게 회복된다.

마라스무스는 단백질과 에너지가 모두 부족한 극심한 기아상태에서 발생하며, 콰시오커와 마찬가지로 저개발국의 성장기 어린이에서 주로 관찰된다. 증상은 콰시오커와 약간의 차이를 보이는데, 주로 피하지방이 감소하여 전체적으로 심하게 마르는 것이 특징이며, 부종은 나타나지 않고, 피부 · 간기능은 비교적 정상이다.

(2) 단백질의 과량 섭취로 인한 문제

- 장기간 고단백질 식사를 하게 되면 단백질 분해산물을 요소를 처리하기 위해 신장에 무리한 부담을 주게 된다. 따라서 과거에 신장질환을 앓은 경험이 있거나, 현재 신장기능이 좋지 않은 사람은 고단백질 식사를 피해야 한다.
- 단백질을 구성하는 탄소 역시 체내에서 지방으로 전환되어 지방조직에 축적될 수 있으므로 단백질을 과잉 섭취하는 경우에도 살이 찔 수 있다.
- 고단백질 식사를 하면 단백질의 일부가 대장에서 세균에 의해 분해되어 아민체를 형성하게 되며, 장운동을 억제하여 변비를 유발할 수 있다.
- 장기간 고단백 식이를 하면 소변 내 칼슘 배설이 증가되어 골다골증이 초래될 수 있으며, 이는 특히 갱년기 이후의 여성에 있어서 심각한 문제가 될 수 있다.

(3) 아미노산의 불균형

일반적으로 건강한 사람의 혈장 유리 아미노산 농도는 일정한 패턴을 지니는데, 그것은 혈장 아미노그램 패턴이 대사를 조절하는 다양한 호르몬의 분비와 밀접한 관련이 있기 때문이다. 아미노산의 종류에 따라 정도의 차이는 있으나, 특정한 한 두 가지의 아미노산을 과량으로 섭취하게 되면 아미노산의 불균형이 초래될 가능성이 있고, 이로 인해 호르몬 분비이상 및 아미노산의 대사장애가 나타날 수 있다.

7) 단백질의 급원식품

수 · 조 · 어육류의 근육이나 내장, 생선, 달걀, 우유, 치즈는 필수 아미노산을 많이 함유하고 있으며, 식물성 식품으로는 두류, 견과류, 곡류가 좋은 단백질 급원이다. 그러나 동물성 식품과 식물성 단백질 식품을 함께 섭취하면 아미노산의 상호보완작용으로 영양적으로 우수한 효과를 얻을 수 있다.

6. 무기질과 영양

1) 무기질의 분류

무기질(minerals)은 인체를 구성하고 있는 요소이며, 체내에서 유기물질이 완전히 산화된 후에도 남아있는 생물체의 회분의 구성성분으로서 무기염류 또는 광물질이라고도 한다. 일반적으로 무기질은 체중의 4%에 해당되며 칼슘과 인이 총 무기질 함량의 3/4을 차지하고 있으며, 골격, 근육조직과 체액에서 많은 생리작용에 관계하고 있어 생명에 절대적으로 필요한 영양소이다.

무기질의 분류는 하루 필요량이 0.1g 또는 그 이상 되는 다량원소(macro-element)와 하루 필요량이 0.01g 이하인 미량 원소(micro-element)로 분류하며, 다량 원소에는 Na, K, Ca, Mg, Cl, S, P 등이 포함되고, 미량원소에는 Fe, Zn, Se, Mn, Cu, Mo, Co, Cr, F, I 등이 포함된다. 또한 무기질은 체내 기능에 따라 크게 필수무기질(essential mineral), 준필수 무기질(semiessential mineral), 비필수 무기질(nonessential mineral) 및 중독 무기질(toxic mineral)로 구분한다.

표 2-7. 무기질의 분류

구 분	원 소 명
필수 무기질 : 다량원소	Ca, Mg, Na, K, P
미량원소	Mn, Fe, Cu, I, Zn, Co, Se
중독 무기질	Cu, Se, F, Mo, As, Cr, Hg, Cd
그외의 무기질	Ba, Sr, Ni, Si, Al, B, Pb, Sn

2) 무기질의 기능

(1) 체조직의 형성

칼슘과 인의 결합물질로서 골격과 치아조직을 형성하여 조직의 경직성을 준다. 황을 함유한 근육과 인을 함유한 신경조직은 연조직의 구성성분이며, 단백질의 구성성분이다.

(2) 생리작용의 조절

무기질은 체액의 산 · 알칼리의 평형이 유지되게 하며 세포내액과 세포외액간의 수분 이동으로 체내 수분량을 조절한다. 또한 무기질은 인체내의 무기질 중 다량원소인 칼슘, 인, 마그네슘은 뼈와 치아의 구성성분이고, 칼륨과 나트륨은 체액의 산 · 알칼리의 평형과 삼투압 조절을 담당하며, 염소는 삼투압 조절과 위액의 염산에 불가결한 성분이다. 여러가지 무기질 중 용액내에서 양이온이 되는 Na, K, Ca, Mg 등과 음이온이 되는 P, S, Cl, I 등은 체내 대사과정에서 산성 혹은 알칼리성 대사반응에도 관여한다.

(3) 신경의 자극전달

신경이 외부에서 자극을 받게 되면 충동을 일으켜 뇌에 전달되는데 나트륨과 칼륨이 세포막의 내외로 이동하여 신경의 자극전달이 되는 것을 돕는다.

(4) 효소와 호르몬의 구성성분

효소와 호르몬 중에는 분자내에 금속이온을 가진 것이 있다. 갑상선 호르몬(티록신)은 요오드가 있어야 하며, 탄수화물 대사를 조절하는 인슐린은 아연이 있어야 한다. 무기질은 효소와 호르몬의 보조인자로 작용하여 그 기능을 활성화시킨다.

다량 무기질과 미량 무기질의 기능, 결핍증, 권장량 및 급원식품은 표 2-8과 표 2-9에 각각 요약되어 있다.

표 2-8. 다량원소의 기능, 결핍증 및 함유식품

무기질	기 능	결 핍 증	권 장 량	급 원
Ca	골격과치아 형성 혈액 응고 근육의 수축, 이완 작용 신경의 자극 전달	성장부진 구루병 골다공증 골연화증	성인남자: 750mg 성인여자: 650mg	우유 및 유제품 뼈째 먹는 생선 녹색 채소 해조류 달걀노른자 콩, 견과류
P	골격과 치아 형성 산·염기 평형 조절 효소와 조효소의 구성 에너지 대사		성인 남녀:700mg	우유 및 유제품 육류, 어류, 가금류 전곡 달걀노른자 콩, 견과류
Na	세포외액의 양이온 산·염기 평형 조절 수분평형 삼투압 조절	피로 정신불안 식욕감퇴		식염 육류, 어패류 당근, 완두콩 달걀노른자 콩, 견과류
Mg	골격과 치아 형성 효소의 구성 에너지 대사		성인남자: 340mg 성인여자: 280mg	곡류 녹색 채소 콩, 견과류
K	세포내액의 양이온 수분평형 삼투압 조절 산·염기 평형 조절 근육의 수축	근육피로		전곡 육류 콩 채소, 과일
Cl	세포외액의 음이온 수분평형 산·염기 평형 조절 위내 소화작용			식염

표 2-9 미량원소의 기능, 결핍증 및 함유식품

무기질	기 능	결 핍 증	권 장 량	급 원
Fe	혈색소 구성 호흡효소의 구성 산소운반	빈혈	성인 남자: 10mg 성인 여자: 14mg	간 육류 달걀 콩, 견과류
Zn	효소 및 호르몬의 구성	간 장 질 환 에 관련될가능성 식욕감퇴 성장지연	성인 남자: 10mg 성인 여자: 8mg	우유 해산물 붉은 살코기 콩, 견과류
Cu	철분이용률 감소	빈혈	성인 남녀:800μg	패류 콩, 견과류 버섯
F	치아건강에 관여	소량:충치 예방 과량:반상치	성인 남녀: 3.0mg	비타민 B_{12}의 전구체로부터 공급
I	갑상선 호르몬 구성 기초대사 조절	갑상선종 점액수종 Cretinism	성인 남녀:150μg	해산물 요오드 첨가염
Se	셀레늄포함 단백질의 구성성분	심장기능 이상 골관절염	성인 남녀: 50μg	육류내장 해산물

3) 산성 및 알칼리성 식품

산성 및 알칼리성 식품이란 식품의 그 자체의 액성 즉 pH에 의해 결정되는 것이 아니라 그 식품을 태웠을 때 남은 재(ash)의 조성에 따라 결정된다. 즉, 알칼리성 식품은 그 식품 중에 음이온에 비해 양이온의 함량이 많을 것을, 산성 식품은 반대로 양이온에 비해 음이온의 함량이 많은 것을 말한다.

여러 가지 무기질 중 용액 내에서 양이온이 되는 Na, K, Ca, Mg 등과 음이온이 되는 P, S, Cl, I 등은 체내에서 각각 알칼리성 및 산성 생성 원소들이다. 채소와 과일 해조류 등은 양이온을 더 많이 함유한 알칼리성 식품이며, 곡류, 육류, 생선, 가금류, 난류 등은 음이온을 더 많이 함유한 산성식품이다.

식품의 산도 및 알칼리도는 식품의 재의 성분을 중화하는데 필요한 0.1N HCl, 또는 0.1N NaOH의 ㎖수로 표시한다. 식품의 종류에 따른 산도와 알칼리도는 표 2-10과 같다.

우리 인체는 항상 일정한 pH를 유지하고 있으며, 산성 식품을 장기간 동안 섭취할 경우에는 이를 중화하기 위해 칼슘이나 나트륨 원소를 소모하게 되어 산중독증(acidosis)이 나타나게 되고 골격과 같은 조직의 손상을 초래하게 된다. 따라서 현대인은 산성 식품의 섭취가 증가됨에 따라 알칼리성 식품의 섭취에 많은 관심을 가져야 한다.

표 2-10. 식품의 산도 및 알칼리도

알칼리성 식품	알칼리도	산성 식품	산 도
해 조 류	10 ~ 20	육 류	10 ~ 20
채 소 류	5 ~ 12	어 류	10 ~ 20
과 실 류	5 ~ 10	달 걀	10 ~ 20
대 두	10	곡 류	5 ~10
양 배 추	5	조 개 류	10
우 유	2	옥 수 수	5

7. 비타민과 영양

비타민이란 체내의 대사기능에 반드시 필요한 유기물질로서 몇 가지를 제외하고는 체내에서 합성되지 않으므로 음식물로 꼭 섭취해야만 하며, 인체의 정상적인 성장, 발달 및 건강 유지에 필수적인 물질이다. 각종 비타민은 각기 독특한 대사기능이 있으므로 섭취량이 부족하면 결핍증이 생기고 다시 보충해주면 그 결핍증이 치료될 수 있다.

비타민은 용해성에 따라 수용성 비타민(water - soulble vitamin)과 지용성 비타민(fat - soluble vitamin)으로 분류한다.

수용성 비타민은 티아민(B_1), 리보플라빈(B_2), 피리독신(B_6), 비타민

B_{12}, 비오틴(biotin), 나이아신(niacin), 판토텐산(pantothenic acid), 엽산(folacin) 등과 비타민 C를 포함한다. 특히 수용성 비타민은 체내의 당질, 지질, 단백질 대사에 관여하는 여러 효소(coenzyme)의 구성 성분으로 대사를 조절하는 윤활유 역할을 한다. 이러한 비타민은 물에 녹기 때문에 과량을 섭취해도 저장되지 않고 뇨로 배설된다. 따라서 수용성 비타민은 필요량을 매일 식사를 통하여 섭취해야 한다.

지용성 비타민은 비타민 A, D, E, K가 이에 속한다. 비타민 A는 시력과 상피 세포의 유지에 관여하고, 비타민 D는 칼슘 대사 및 뼈의 대사에 관여하는 비타민이며, 비타민 E는 대사적 황산화제로서 그리고 비타민 K는 혈액 응고에 관여한다. 지용성 비타민은 수용성 비타민과는 달리 과량 섭취하게 되면 체내에 축적되므로 비타민 중독증이 올 수도 있다. 지용성과 수용성 비타민의 특징은 표 2-11에 요약되어 있다.

표 2-11. 비타민의 종류와 일반적 성질

분류	지 용 성 비 타 민	수 용 성 비 타 민
종 류	비타민 A, D, E, K	비타민 B_1, B_2, B_6, B_{12}, niacin, pantothenic acid, biotin, folic acid, choline, 비타민 C
흡수성	체내로 흡수되기 어렵다.	체내로 흡수되기 쉽고 흡수가 빠르다.
저장성	필요량 이상의 섭취량은 체내 저장 (예외 : 비타민 E)	필요량 이상의 섭취량은 체외로 방출 (예외 : 비타민 B_{12})
결핍증	결핍 증세가 서서히 나타난다.	결핍 증세가 비교적 빨리 나타난다.
독 성	과량섭취시에는 독성유발	장기간 고농도 섭취시에만 독성유발
전구체	비타민의 전구체가 존재한다.	일반적으로 전구체가 존재하지 않는다.

수용성 비타민은 많은 양을 섭취하여도 체내에 저장되지 않고 배설되어 버린다. 따라서 매일 필요한 양을 공급하지 않으면 결핍증이 쉽게 발생한다. 지용성 비타민은 많은 양을 섭취하면 체내에 상당량이 저장될 수 있으므로 섭취량이 부족해도 결핍증은 서서히 나타나는 반면에 지나치게 많은 양을 장기간 섭취하게 되면 과잉증이 나타날 수 있다.

대부분의 식품은 탄수화물이나 지방, 그리고 단백질은 어느 정도 갖추고 있으나 모든 비타민을 다 가지고 있는 식품은 없다. 따라서 균형된 비타민의 섭취를 위해서는 다양한 식품을 골고루 먹어야 한다. 비타민의 결핍은 단순히 그 비타민의 섭취량이 부족하거나 또는 충분량을 섭취한다 하더라도 흡수가 불량하거나 다른 질병으로 인하여 결핍증이 일어날 수도 있다.

지용성 및 수용성 비타민의 기능, 결핍증, 과잉증, 권장량, 급원식품은 각각 표 2-12와 2-13에 요약되어 있다.

표 2-12. 지용성 비타민의 기능과 함유식품

비타민	기 능	결 핍 증	과 잉 증	권 장 량	급 원
A (retinol) provitamin A (carotene)	rhodopsin생성 상피조직의 형성과 보수 항산화제로서 작용	야맹증 안구건조증 상피조직의 각질화 감염에 민감	두통 권태 식욕부진 체중감소	성인남자: 750RE 성인여자: 650RE	간 난황 강화마아가린 녹황색의 야채
D (calciferol)	Ca, P의 흡수 촉진 골격과 치아의 건강 유지	구루병 골격성장부진 성인:골연화증	구토 피로 요독증	성인남녀: 5μg	생선기름 간유 강화우유 강화 마아가린 난황
E (tocopherol)	비타민A와 포화 방산의 항산화제 Se의 작용과 관련 동물의 생식능력	적혈구의 용혈작용 (빈혈) 불임증(쥐)	지혈방해	성인남자: 12mg 성인여자: 10mg	식물성 기름 밀의배아 식물성마아가린
K (menadione)	혈액응고 작용	신생아의출혈 혈액응고장애로 상처의 심한 출혈	황달	성인남자: 75μg 성인여자: 65μg	녹색채소 난황 돼지의 간

표 2-13. 수용성 비타민의 기능과 함유식품

비 타 민	기 능	결 핍 증	권 장 량	급 원
B_1 (thiamin)	당질대사의 보조효소	각기 식욕감퇴, 소화장해 피로, 무감각, 무기력	성인남자 : 1.2mg 성인여자 : 1.0mg	돼지고기 맥주효모 콩류
B_2 (riboflavin)	에너지 대사의 보조효소 (FMN, FAD)	구순구각염, 설염 지루성 피부염 안구충혈	성인남자 : 1.5mg 성인여자 : 1.2mg	유제품 육류, 닭고기 생선 달걀 녹색채소
B_6 (pyridoxine)	아미노산 대사의 보조효소	빈혈 중추신경계 질환 지루성 피부염	성인남자 : 1.5mg 성인여자 : 1.4mg	밀 육류, 간 콩류
B_{12} (cobalamin)	단백질 합성보조 효소 핵산과 세포 단백질 (적혈구) 형성	악성빈혈	성인남녀 : 2.4μg	육류, 간 생선 우유및유제품 달걀
niacin	에너지 대사의 보조효소 (NAD, NADP)	pellagra 전신쇠약, 식욕감퇴 피부염	성인 남자 : 16mg 성인 여자 : 14mg	육류(특히 간) 땅콩 생선 두유
folic acid	아미노산 대사의 보조효소	거대 적혈구성 빈혈	성인남녀 : 400μg	달걀 육류, 간 곡류 녹색채소
C (ascorbic acid)	성장에필수적 콜라겐 합성 철분흡수 항산화제	괴혈병 쇠약 저항력 감소	성인남녀: 100mg	과일 채소

제 3 장 식사계획

현대인의 식생활은 지방 · 당분 · 염분이 많이 함유된 가공식품과 인스턴트 식품의 과잉섭취나 불규칙한 식사 그리고 편식과 폭식으로 인한 영양과잉이 비만을 비롯한 각종 성인병을 일으켜 건강을 위협하고 있으므로 올바른 균형식이 필요하다. 균형잡힌 식사란 질적으로는 하루 매 끼니마다 다섯 가지 기초식품군이 골고루 포함된 다양한 식품을 선택하여 양적으로 모든 영양소의 과 · 부족 없이 영양권장량에 준한 만큼 섭취하는 것을 말한다. 따라서 이 장에서는 균형 잡힌 식사를 실천하기 위하여 식사계획을 세울 수 있는 방법에 대해서 알아보자.

1. 영양권장량의 의미

영양권장량(Recommended Dietary Allowances; RDA)이란 건강한 대다수 국민들이 영양소 결핍으로 인한 질병의 발생을 예방하고 건강을 유지하기 위한 영양필요량을 충족시키기 위하여 전문가들이 과학적 근거를 토대로 성별과 연령군별로 설정한 각 필요영양소의 권장 섭취수준을 말한다. 개인의 영양권장량은 개인의 유전적인 신체구조, 생리상태, 활동정도, 환경조건, 연령, 체중 그리고 성별 등이 각각 다르므로 일률적으로 결정하기 어렵다. 그래서 일반인들의 정상적인 건강유지에 필요한 평균 필요량에다 각 개인의 유전적 차이에서 오는 요인을 감안한 30~40% 정도의 안전량을 포함시켜서 그림 3-1과 같은 단계를 거쳐서 결정하였다. 영양권장량의 충족을 위해서 특별히 보충제나 특정식품을 섭취해야 할 필요는 없으며 식품으로 구성된 일상적인 식사에서 얻을 수 있는 영양소로 적정 필요량을 섭취할 수 있다. 하루의 영양섭취량을 자기 연령에 맞는 영양권장량과 비교해 볼 때 자신이 섭취한 영양섭취량이 영양권장량의 75% 미만이면 영양결핍 가능성이 있는 것으로 보고 있다.

영양소의 생리적 필요량 추정

↓

각 영양소에 따른 안전율(safety factor)적용

↓

각 연령별 표준인을 기준으로 권장량 산출

↓

지역 인구의 식이 섭취 실태를 참고하여 영양 권장량 설정

그림 3-1. 영양권장량의 설정절차

표 3-1. 한국인의 1일 영양섭취기준 (2010년 9차 개정)

연령	체위기준치		에너지 (kcal/일)	탄수화물 (g/일)	지방 (g/일)	n-6 불포화지방산 (g/일)	n-3 불포화지방산 (g/일)	단백질 (g/일)			식이섬유 (g/일)	수분 (ml/일)
	신장 (cm)	체중 (kg)	필요추정량	충분섭취량	충분섭취량	충분섭취량	충분섭취량	평균필요량	권장섭취량	충분섭취량	충분섭취량	충분섭취량
영아 0~5(개월)	60.3	6.2	550	55	25	2.0	0.3			9.5		700
6~11	72.2	8.9	700	90	25	4.5	0.8	9.8	13.5			800
유아 1~2(세)	86.1	12.2	1000					12	15		10	1100
3~5	107.0	17.2	1400					15	20		15	1400
남자 6~8(세)	122.2	25.0	1600					20	25		20	1800
9~11	139.6	35.7	1900					30	35		20	2000
12~14	158.8	50.5	2400					40	50		25	2300
15~18	171.4	62.1	2700					45	55		25	2600
19~29	173.0	65.8	2600					45	55		25	2600
30~49	170.0	63.6	2400					45	55		25	2500
50~64	166.0	60.6	2200					40	50		25	2200
65~74	164.0	59.2	2000					40	50		25	2100
75이상	164.0	59.2	2000					40	50		25	2100
여자 6~8(세)	121.0	24.6	1500					20	25		15	1700
9~11	140.0	34.8	1700					30	35		15	1800
12~14	155.9	47.5	2000					40	45		20	2000
15~18	160.0	53.4	2000					40	45		20	2100
19~29	160.0	56.3	2100					40	50		20	2100
30~49	157.0	54.2	1900					35	45		20	2000
50~64	154.0	52.2	1800					35	45		20	1900
65~74	151.0	50.2	1600					35	45		20	1800
75이상	151.0	50.2	1600					35	45		20	1800
임신부 1분기			+0					+0	+0			
2분기			+340					+12	+15		+5	+200
3분기			+450					+25	+30			
수유부			+320					+20	+25		+5	+700

표 3-1 계속

연령	비타민 A (μg RE/일)	비타민 D (μg/일)	비타민 E (mg/일)	비타민 K (μg/일)	비타민 C (mg/일)	티아민 (mg/일)	리보플라빈 (mg/일)	니아신 (mg NE/일)	비타민 B_6 (mg/일)	엽산 (μg DEF/일)	비타민 B_{12} (mg/일)	판토텐산 (mg/일)	비오틴 (mg/일)
	권장 섭취량	충분 섭취량	충분 섭취량	충분 섭취량	권장 섭취량	권장 섭취량	권장 섭취량	권장 섭취량	권장 섭취량	권장 섭취량	권장 섭취량	충분 섭취량	충분 섭취량
영아 0~5(개월)		5	3	4								1.7	5
6~11		5	4	7								1.8	7
유아 1~2(세)	300	5	5	25	40	0.5	0.6	6	0.6	150	0.9	2	9
3~5	300	5	6	30	40	0.5	0.7	7	0.7	180	1,1	3	11
남자 6~8(세)	400	5	8	45	60	0.7	0.9	9	0.9	220	1.3	3	15
9~11	550	5	9	55	70	0.9	1.1	11	1.1	300	1.7	4	20
12~14	700	5	10	70	100	1.1	1.5	15	1.5	400	2.3	5	25
15~18	850	5	12	80	110	1.3	1.7	17	1.5	400	2.7	6	30
19~29	750	5	12	75	100	1.2	1.5	16	1.5	400	2.4	5	30
30~49	750	5	12	75	100	1.2	1.5	16	1.5	400	2.4	5	30
50~64	700	10	12	75	100	1.2	1.5	16	1.5	400	2.4	5	30
65~74	700	10	12	75	100	1.2	1.5	16	1.5	400	2.4	5	30
75이상	700	10	12	75	100	1.2	1.5	16	1.5	400	2.4	5	30
여자 6~8(세)	400	5	7	45	60	0.7	0.7	9	0.9	220	1.5	3	15
9~11	500	5	9	55	80	0.9	0.9	11	1.1	300	1.9	4	20
12~14	650	5	10	65	100	1.1	1.2	14	1.4	400	2.4	5	25
15~18	600	5	10	65	100	1.1	1.2	14	1.4	400	2.4	6	30
19~29	650	5	10	65	100	1.0	1.2	14	1.4	400	2.4	5	30
30~49	650	5	10	65	100	1.1	1.2	14	1.4	400	2.4	5	30
50~64	600	10	10	65	100	1.1	1.2	14	1.4	400	2.4	5	30
65~74	600	10	10	65	100	1.1	1.2	14	1.4	400	2.4	5	30
75이상	600	10	10	65	100	1.1	1.2	14	1.4	400	2.4	5	30
임신부	+70	+5	+0	+0	+10	+0.4	+0.4	+4	+0.8	+200	+0.2	+1	+0
수유부	+490	+5	+3	+0	+35	+0.4	+0.4	+5	+0.8	+150	+0.4	+2	+5

표 3-1 계속

연령	칼슘 (mg/일)	인 (mg/일)	나트륨 (g/일)	염소 (g/일)	칼륨 (g/일)	마그네슘 (mg/일)	철 (mg/일)	아연 (mg/일)	구리 (μg/일)	불소 (mg/일)	망간 (mg/일)	요오드 (μg/일)	셀레늄 (μg/일)	몰리브덴 (mg/일)
	권장 섭취량	권장 섭취량	충분 섭취량	충분 섭취량	충분 섭취량	권장 섭취량	권장 섭취량	권장 섭취량	권장 섭취량	충분 섭취량	충분 섭취량	권장 섭취량	권장 섭취량	상한 섭취량
영아 0~5(개월)			0.12	0.18	0.4					0.01	0.01			
6~11			0.37	0.56	0.7		6	2.8		0.5	0.8			
유아 1~2(세)	500	500	0.7	1.1	1.7	75	6	3	290	0.6	1.4	80	20	100
3~5	600	500	0.9	1.4	2.3	100	7	4	330	0.8	2.0	90	25	150
남자 6~8(세)	700	700	1.2	1.8	2.8	150	8	5	430	1.0	2.5	100	30	200
9~11	800	1000	1.3	2.0	3.2	210	11	8	570	2.0	3.0	110	40	300
12~14	1000	100	1.5	2.3	3.5	300	14	8	740	2.5	4.0	130	50	400
15~18	900	1000	1.5	2.3	3.5	400	15	10	870	3.0	4.0	130	60	500
19~29	750	700	1.5	2.3	3.5	340	10	10	800	3.0	4.0	150	55	600
30~49	750	700	1.5	2.3	3.5	350	10	9	800	3.0	4.0	150	55	600
50~64	700	700	1.4	2.1	3.5	350	9	9	800	3.0	4.0	150	55	600
65~74	700	700	1.2	1.9	3.5	350	9	9	800	3.0	4.0	150	55	600
75이상	700	700	1.1	1.6	3.5	350	9	9	800	3.0	4.0	150	55	600
여자 6~8(세)	700	600	1.2	1.8	2.8	150	8	5	430	1.0	2.5	100	30	200
9~11	800	900	1.3	2.0	3.2	210	10	7	570	2.0	3.0	110	40	300
12~14	900	900	1.5	2.3	3.5	290	13	7	740	2.5	3.5	130	50	400
15~18	800	800	1.5	2.3	3.5	340	17	9	870	2.5	3.0	130	60	500
19~29	650	700	1.5	2.3	3.5	280	14	8	800	3.0	3.0	150	55	600
30~49	650	700	1.5	2.3	3.5	280	14	8	800	2.5	3.0	150	55	600
50~64	700	700	1.4	2.1	3.5	280	8	8	800	2.5	3.0	150	55	600
65~74	700	700	1.2	1.9	3.5	280	8	7	800	2.5	3.0	150	55	600
75이상	700	700	1.2	1.6	3.5	280	8	7	800	2.5	3.0	150	55	600
임신부	+280	+0	+0	+0	+0	+40	+10	+2.5	+130	+0	+0	+90	+4	600
수유부	+370	+0	+0	+0	+0.4	+0	+0	+5.0	+450	+0	+0	+180	+10	600

2. 균형식의 실천을 위하여

1) 매끼마다 섭취해야 할 여섯 가지 기초식품군

균형된 식생활을 계획하기 위해서는 열량을 낼 수 있는 탄수화물 · 지방 · 단백질과 우리 몸을 구성하면서 면역력을 증강시키는 단백질을 다량 필요로 하며, 체내 대사조절에 필요한 비타민과 무기질은 소량이지만 반드시 섭취해야 한다. 이외에도 식품속의 수분과 식이섬유 그리고 각종 성인병과 암을 예방하는 것으로 알려진 플라보노이드나 카로티노이드와 같은 항산화 색소성분은 건강유지와 질병 예방에 상당한 도움을 주고 있다. 따라서 한국인이 상용하는 주요식품 속에 포함된 영양소와 기능별로 나누어서 유사한 식품끼리 묶어 분류한 다섯 가지 기초식품군을 일상의 식생활에 자연스럽게 이용한다면 좋은 식생활을 영위할 수 있다(표 3-2).

표 3-2. 기초식품군과 주요 함유 영양소

기초식품군	주요함유 영 양 소	식품의 종류
곡류 및 전분류	탄수화물	쌀밥, 국수, 식빵, 옥수수, 떡류, 미싯가루, 감자, 고구마, 과자류
고기·생선· 달걀 및 콩류	단백질	쇠고기, 닭고기, 돼지고기, 생선, 오징어, 달걀, 두부, 각종 콩류, 두유, 어묵, 햄, 베이컨 등
채소류	비타민, 무기질	김치, 시금치, 풋고추, 취나물, 콩나물, 토마토, 깻잎, 무청, 오이, 호박, 당근, 미역, 버섯 등
과일류	비타민, 무기질	딸기, 수박, 참외, 사과, 감, 귤, 배, 복숭아 등
우유 및 유제품	칼슘, 단백질	우유, 치이즈, 요쿠르트, 아이스크림, 잔멸치, 뱅어포, 잔새우
유지 및 당류	지질, 단순당류	식물성기름, 버터, 마가린, 마요네즈, 설탕, 탄산음료 등

곡류 및 전분류 탄수화물의 공급원은 주식으로 총 섭취 열량의 60~70% 이상 차지하고 있어서 이 식품에 대한 의존도가 높으며 식물성 단백질의 공급원뿐만 아니라 비타민 B_1, 아연, 섬유질 등을 공급한다.

고기·생선·달걀 및 콩류 신체를 구성하고 특히 근육조직 생성 및 유지와 호르몬의 합성과 면역체를 만들어 면역능력을 증진시켜 주는 역할을 하는 단백질의 급원식품 외에도 철분, 비타민 B_1과 B_{12}, 아연 등을 공급한다.

채소 및 과일류 신체 조절소로서 수분, 비타민과 무기질 뿐만 아니라 변비 및 각종 성인병의 예방효과를 지니는 식이섬유소의 급원식품으로 비타민 C, 카로틴, 엽산과 K, Ca 등을 공급한다.

우유 및 유제품 칼슘과 아울러 양질의 단백질, 비타민 B_2, 비타민 A, 비타민 B_{12} 등을 공급하기 때문에 반드시 섭취해야 할 식품이다.

유지 및 당류 열량을 공급 해 주는 것 이외에도 음식에 향미와 부드러운 질감 및 단맛을 제공하여 음식의 맛을 증진시켜 주는 역할을 한다.

2) 식품구성자전거를 이용한 균형적인 식생활

그림 3-2에서는 식생활에서 지향해야 할 식사구성 및 영양목표를 자전거 모양으로 도안된 식품구성자전거로 나타내었다. 식품구성자전거는 비슷한 영양성분을 갖고 있는 식품군을 묶어서 6개의 구간으로 나누어서 표시하였다.

그림 3-2. 한국인의 식품구성자전거

3) 식사구성안을 위한 1인 1회 섭취분량

다섯 가지 식품군별로 우리나라 사람들이 통상적으로 섭취하는 식품을 선별하여 1회 섭취하는 양과 가장 가까운 양과 영양소 함량을 고려하여 1인 1회 섭취분량(serving size)을 표 3-3과 같이 설정하였다.

표. 3-3. 식품군별 대표식품과 1회 분량(serving size)

식품군	1인 1회 분량*					
곡류 	밥 1공기(210g)	백미(90g)	국수 1대접(건면100g)	냉면국수 1대접(건면100g)	떡국용 떡 1인분(130g)	식빵 2쪽(100g)
고기·생선·계란·콩류 	육류 1접시(생 60g)	닭고기 1조각(생 60g)	생선 1토막(생 60g)	콩(20g)	두부 2조각(80g)	달걀 1개(60g)
채소류 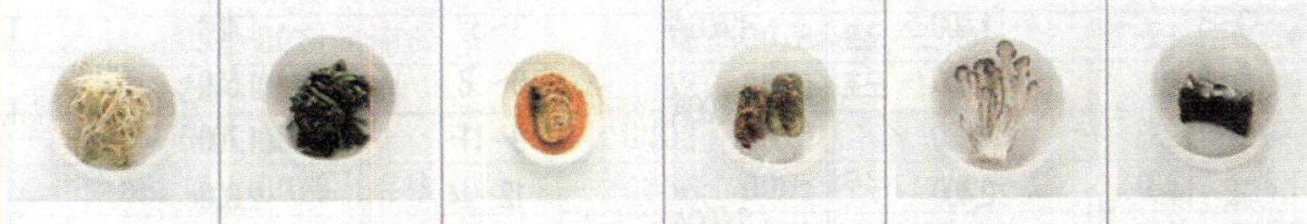	콩나물 1접시(생70g)	시금치나물 1접시(생70g)	배추김치 1접시(생40g)	오이소박이 1접시(생60g)	버섯 1접시(생30g)	물미역 1접시(생30g)
과일류 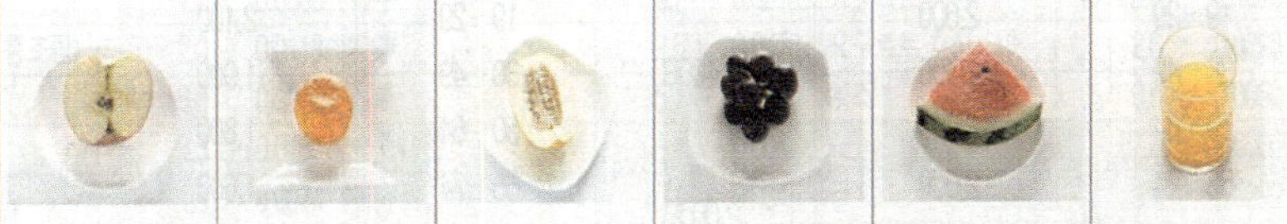	사과(중) 1/2개(100g)	귤(중) 1개(100g)	참외(중) 1/2개(200g)	포도 1/3송이(100g)	수박 1쪽(200g)	오렌지주스 1/2컵(100mL)
우유·유제품류 	우유 1컵(200mL)	치즈 1장(20g)	호상요구르트 1/2컵(100g)	액상요구르트 3/4컵(150g)	아이스크림 1/2컵(100g)	
유지·당류 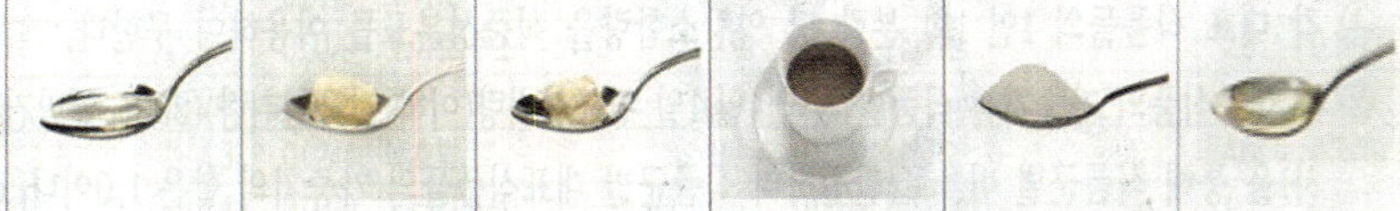	식용류 1작은술(5g)	버터 1작은술(5g)	마요네즈 1작은술(5g)	커피믹스 1회(12g)	설탕 1큰술(10g)	꿀 1큰술(10g)

4) 식품군별 1일 섭취분량

개인의 연령 및 성별에 따라 필요한 영양소의 양이 다르므로 엄밀한 의미에서 영양소 필요량을 충족시키기 위한 식사구성은 개인에 따라 달라져야 한다. 따라서 식사구성안이란 자신에게 필요한 영양권장량을 알아보고 그에 맞게 식단구성을 하면 된다. 각 연령별로 하루에 섭취해야 할 각 식품군의 1일 섭취횟수를 표 3-4에서와 같이 제시하였으며, 이 기준안을 염두에 두고 3끼 식사에 적절하게 배분하여 먹고자 하는 에을 결정하게 된다. 표 3-5와 표 3-6에서는 정상 성인남녀를 대상으로 하여 식사구성안을 제시하였다. 개인에 따라 에너지 패턴이 다르므로 다양한 칼로리의 식사패턴을 제시하는 것이 바람직하다. 패턴 A는 하루 우유 2컵을 먹을 경우, 패턴 B는 하루 우유 1컵을 먹을 경우 식단 작성시 이용할 수 있다.

표 3-4. 권장식사패턴

	1,400A (3~5 세 유아)	1,600A (6~11 세 여)	1,600B (65세 이상 여)	1,800A (6~11 세 남)	1,900B (19~ 64세 여)	2,000A (12~ 18세 여)	2,000B (65세 이상 남)	2,400B (19~ 64세 남)	2,600A (12~18 세 남)
곡류	2	2.5	3	3	3	3	3.5	4	4
고기·생선·계란·콩류	3	3	2.5	3	4	4	4	5	6
채소류	5	5	5	5	7	7	7	7	7
과일류	1	1	1	1	2	2	1	3	2
우유·유제품	2	2	1	2	1	2	1	1	2
유지·당류	2	3	3	3	4	4	4	5	6

1) 곡류 : 식이섬유를 늘이기 위해서 잡곡류 사용을 권장함
2) 고기·생선·계란·콩류 : 육류의 경우 살코기 기준이며, 지방함량이 높은 식품을 이용할 경우에는 유지류를 추가 사용하는 것으로 간주해야 함
3) 채소류 : 소금 5g 이하의 영양목표를 달성하기 위해 가능한 싱겁게 조리하도록 한다.
4) 나트륨 : 국, 찌개류의 경우 건더기 위주로 섭취하도록 함
5) 과일류 : 식이섬유 섭취를 늘리기 위해 쥬스보다는 생과일 섭취를 권장함
6) 우유·유제품 : 단순당질이 적게 함유된 제품을 권장함
7) 유지·당류 : 조리 시 사용되는 양도 섭취 횟수범위 내에서 사용하도록 함
8) 양념류 : 각 권장섭취패턴에 이미 양념사용량이 포함되어 있음. 여기에 양념이란 간장,

고추장, 된장, 소금 등의 조미류를 말하며 50-85kcal 사용된 것으로 계산함.

표 3-5. 식사구성안을 이용한 성인의 하루 식사량

식품군	2,000kcal A (12~18세 여)	2,600kcal A (12~18세 남)
곡류	3회	4회
고기・생선・계란・콩류	4회	6회
채소류	7회	7회
과일류	2회	2회
우유・유제품	2회	2회

†유지・당류(2회) : 조리시 소량씩 사용됨

표 3-6. 청소년기 여자 12~18세(2,000kcal, A타입) 식사구성안

		아침	점심	저녁	간식
식단 식품군별 권장횟수		쌀밥 미역국 궁중떡볶이 계란찜 열무김치	검은콩밥 어묵국 돼지고기볶음 시금치나물 깍두기	보리밥 참치김치찌개 닭조림 양배추샐러드 겉절이	호상요구르트 우유 사과 귤
곡류	3회	쌀밥 105g(0.5) 흰떡 65g(0.5)	검은콩밥 210 g(1)	보리밥 210 g(1)	
고기•생선• 계란•콩류	4회	쇠고기 30g(0.5) 계란 30g(0.5)	어묵 30g(0.5) 돼지고기 60g(1)	참치 30g(0.5) 닭 60g(1)	
채소류	7회	미역 15g(0.5) 당근,표고,양파 70g(1) 열무김치 20g(0.5)	무 35g(0.5) 양파 35g(0.5) 시금치 70g(1) 깍두기 20g(0.5)	김치 40g(1) 양배추,오이,토마토 70g(1) 겉절이 35g (0.5)	
과일류	2회				사과 1/2개, 100g(1) 귤 1개, 100g(1)
우유•유제품류	2회				호상요쿠르트 1개, 100g(1) 우유 1컵, 200mL(1)

표 3-7. 청소년기 남자 12~18세(2,600kcal, A타입) 식사구성안

식단 / 식품군별 권장횟수		아침	점심	저녁	간식
		잡곡밥 두부된장국 어묵야채볶음 양배추샐러드 오이생채	쌀밥 콩나물국 갈치구이 김구이 배추김치	현미밥 미역국 제육볶음 호박나물 무생채	에그샌드위치 호상요쿠르트 우유 사과 오렌지
곡류	4회	잡곡밥 210g(1)	쌀밥 210g(1)	현미밥 210g(1)	식빵 100g(1)
고기•생선•계란•콩류	6회	두부 40g(0.5) 어묵 60g	갈치 120g(2)	돼지고기 120g(2)	계란 30g(0.5)
채소류	7회	양배추 70g(1) 양파 35g(0.5) 오이 70g(1)	콩나물 35g(0.5) 김 1g(0.5) 배추김치 40g(1)	미역 15g(0.5) 양파 35g(0.5) 호박 70g(1) 무 35g(0.5)	
과일류	2회				사과 1/2개, 100g(1) 오렌지 1/2개, 100g(1)
우유•유제품류	2회				호상요쿠르트 1개100g(1) 우유1컵, 200mL(1)

3. 건강식을 위하여 고려할 점

1) 식품 구입시

자연식품

- 제철 채소와 과일을 구입한 다음 수분증발을 막기 위해서 포장지에 싸서 냉장보관 한다.
- 생선과 육류는 미생물의 오염 가능성이 크므로 다른 채소와 과일 등과 접하지 않도록 따로 포장하여 교차오염을 막는다.
- 마른 식품, 채소와 과일, 유제품, 달걀, 고기, 냉동식품 순으로 구입한다.

가공식품

- 식품포장의 손상여부와 유효·유통기간을 확인한다.
- 냉장 · 냉동식품을 구입할 때 온도를 확인한다.
- 수입품인 경우 원산지, 수입원, 주재료 등이 한국의 표시 기준에 따라 표시되어 있어야 한다.
- 가공식품을 구입할 경우 식품과 영양표시를 반드시 확인한다.

2) 식단 작성시

- 영양권장량에 준하여 필요열량을 설정한 후 각 군에 속하는 다양한 종류의 식품을 매 끼니마다 골고루 선택한다.
- 가공식품보다는 제철에 나는 신선하고 저렴한 계절식품을 이용한다.
- 섬유소가 많이 함유된 식품을 선택한다.
- 콜레스테롤과 포화지방산이 많은 동물성식품은 되도록 피한다.
- 열량만 있고 다른 영양소는 거의 없는 청량음료나 간식류의 선택을 절제한다.

3) 외식시

- 자신의 필요 열량에 맞는 음식과 분량을 선택하여 조절한다.
- 주로 채소류가 부족하기 쉬우므로 부족 식품군은 다른 끼니에 보충한다.
- 다양한 식품으로 이루어진 식사메뉴를 선택한다.
- 외식이 빈번해질 경우는 식사 메뉴를 자주 바꾸어 늘 같은 음식을 먹지 않도록 한다.
- 자극적 음식, 짠 음식, 지나치게 단 음식은 자제한다.
- 햄버거, 후라이드 치킨, 피자와 같은 패스트푸드의 섭취횟수를 줄인다.

4. 20대를 위한 식사구성안

대학생 시기는 청소년기의 급성장기를 거쳐 성인기로 이행하는 전환기로 성적 성숙을 포함한 육체적 성숙과 함께 사회·정서적 발달이 완성되는 시기이다. 또한 이 시기에는 식습관이 거의 형성되기 때문에 바람직하지 못한 식습관이 지속될 경우 영양 결핍증 또는 영양 과잉증을 유발하게 된다. 이것이 성인기의 여러 퇴행성 질환과 연결되므로 대학생 시기의 식습관과 영양 상태는 매우 중요하다.

1) 식습관의 문제점

20대의 전형적인 식습관은 아침 결식률 20.7%, 점심 결식률 6.7%, 저녁 결식률 9.1%로 하루의 영양 상태를 좌우하는 아침 식사의 결식률이 가장 높았다. 그리고 여대생들은 주로 시간절약과 간편함 때문에 자연식품의 소비가 감소되면서 간식으로 주로 과자, 빵, 떡볶이, 순대, 탄산음료, 만두, 라면류 등 패스트푸드나 인스턴트식품의 섭취가 많았고 이것이 영양의 불균형을 초래하는 한 원인으로 작용하였다. 또한 식사시간의 불규칙과 과식이나 폭식, 편식 그리고 무엇보다도 무절제한 다이어트로 몇몇 영양소의 불균형이 나타났다.

젊은이들에게 나타나는 영양불균형의 문제는 칼슘, 철분, 아연 등 중요한 무기질의 부족과 인의 과잉섭취 그리고 비타민 A, B_2, 니아신 등이 부족한 반면에 비타민 C는 많이 부족 되는 경우와 또 너무 많이 섭취하는 경우의 상반된 결과를 보이고 있다. 잘못된 식생활과 영양 불균형은 여대생들의 건강상의 문제를 유발시켜서 변비(28.9%), 위장 질환(22.3%), 빈혈(16.3%), 부종(15.1%) 등 식생활과 밀접한 질병들을 많이 앓게 하고 있다. 또한 20대 초반인 여대생들에게 나이가 들면서 생기는 퇴행성 질환인 당뇨병과 고혈압, 동맥경화 등의 심장 질환까지 발생하고 있어 큰 문제가 아닐 수 없다.

2) 유의할 점

(1) 다양한 식품을 제때에 골고루 먹는다.

많은 대학생들이 강의시간에 쫓기거나 혹은 강의가 없는 날은 늦잠을 자느라고, 또 자취학생들의 경우 대부분은 불규칙한 생활습관 때문에 아침식사를 거르게 된다. 아침식사가 부실해지면 학습능률 뿐만 아니라 감기 등 여러 가지 질환에 잘 걸리게 되고 저녁식사도 많이 하게 된다. 저녁식사 후에는 활동량이 많지 않기 때문에 저녁에 섭취한 열량은 아침에 섭취한 열량보다 쉽게 지방으로 축적 될 수 있으므로 비만이 될 확률이 높다.

(2) 정상체중을 유지하자

대학생 시기는 성인기로 이행되는 시기인데, 이 시기에 바람직하지 못한 식습관이 평생 건강에 영향을 미친다. 영양과잉증은 성인기의 성인병과 연결되며 무리한 다이어트와 연결된 영양결핍증은 변비, 위장질환, 빈혈뿐만 아니라 임신기의 건강상태에까지 영향을 미칠 수 있다.

(3) 푸른 채소와 신선한 과일 섭취

많은 대학생들이 밖에서 식사를 하는 경우와 패스트푸드 등의 섭취가 많아서 채소와 과일의 섭취량이 절대적으로 부족하다. 채소와 과일의 섭취는 본인이 의지력을 갖고 의식적으로 노력하여 섭취해야 된다.

(4) 단백질을 충분히 섭취하고 지질의 섭취를 줄인다.

단백질은 성장기의 체조직 구성에 필요한 물질로 단백질이 부족하면 성장도 부진하고 체력도 약해지므로 고기, 생선, 계란 및 콩류 등을 많이 먹으면 좋다. 단 지질과 단백질이 동시에 많은 음식은 비만을 유발하기 쉬우므로 과다하지 않게 한다.

(5) 우유 및 유제품을 매일 먹는다.

청소년기부터 20대에 이르기까지 뼈에 칼슘이 충분히 축적되어야 장년기 이후에 발생하기 쉬운 골다공증의 위험을 줄일 수 있다.

(6) 짜게 먹지 않도록 노력한다.

대학생들의 짠맛에 대한 기호도는 높은 것으로 나타났다. 짜게 먹는 식습관은 나트륨 과잉 섭취의 주원인이 되고 고혈압을 초래할 수 있으므로 좋지 못하다. 특히 많은 젊은 세대들이 소시지·햄·베이컨 뿐만 아니라 참치나 된장찌개와 같이 나트륨이 많이 함유된 식품에 대한 선호도가 높은 것으로 나타났으므로 나트륨의 섭취를 줄이도록 예방해야한다.

(7) 카페인 음료를 절제한다.

카페인은 커피나 홍차 외에 콜라에도 많이 들어 있는데 카페인은 중추신경을 자극하고 철분과 칼슘 등 20대에 중요한 무기질의 흡수를 낮추며 불면증을 유발하므로 절제한다.

나의 식습관을 진단해 봅시다
항 목
▪ 음식의 간은 강한 것이 좋다. ▪ 식사 속도가 빠르다. ▪ 편식하는 식품이 많은 편이다. ▪ 매끼 국이나 찌개가 꼭 있어야 식사를 할 수 있다. ▪ 식사 시 간장이나 소스를 자주 사용한다. ▪ 식사를 자주 거르거나 먹는 시간이 불규칙한 경우가 많다. ▪ 아침, 점심 식사에 비해 저녁식사에 비중을 두어 많이 먹는 편이다. ▪ 평소 배가 부를 때까지 먹는다. ▪ 저녁식사 후 자기 전에 간식을 먹는 일이 많다. ▪ 단 것을 좋아해서 거의 매일 과자, 쵸코렛, 사탕 등의 단 음식을 즐겨 먹는다. ▪ 설탕을 첨가한 커피, 홍차나 가당주스 등을 하루 2잔 이상 마신다. ▪ 과일을 먹을 때도 한 번에 많이 먹는 편이다(1회 200g 이상씩). ▪ 야채는 가열하면 영양소가 파괴되므로 날것으로 먹는 편이 좋다고 생각한다. ▪ 밥보다 빵이나 면을 먹는 일이 많다. ▪ 한식보다 양식이나 중식이 좋다. ▪ 튀긴 음식을 좋아한다. ▪ 샐러드를 만들거나 먹을 때 드레싱보다는 마요네즈를 사용한다. ▪ 생선보다 육류를 좋아한다. ▪ 외식을 자주하는 편이다. ▪ 패스트푸드(햄버거, 치킨...)를 즐겨먹는다. ▪ 인스턴트 식품, 가공식품, 냉동식품 등을 매일 한 번 이상 이용한다.
진단기준 : 5개 이하 - 그런대로 양호함. 6~10개 - 식습관 재평가하고 개선을 위한 노력이 필요함. 11개 이상 - 식습관의 개선이 절실히 요구됨.

제 4 장 임신부와 수유부의 영양

사람은 모체내에 착상된 수정란이 분열 증식하기 시작하여 모체에서 영양을 공급받으면서 발육하여 모든 기관을 갖춘 태아가 되고 일정한 기간이 지나면 태어난다. 건강한 부모에게서 건강한 아기가 태어나며, 부모의 임신 전과 임신 초기의 영양상태가 아기의 건강에 무엇보다 중요한 요소이다. 그러나 부모가 임신이 되었다는 것을 알게 된 후에는 이미 태아의 주요 기관들이 형성되기 시작한 후이기 때문에 순조로운 임신을 유지하고 건강한 아이를 출산하기 위해서는 임신이 되기 오래 전부터 건강한 부모가 되기 위한 준비를 하여야 한다. 그리고 아기가 태어난 이후의 영양공급 역시 모유가 영아에게 가장 좋은 영양급원이라는 것이 재인식되어 모유먹이기 운동이 확산되고 있는 것은 다행이라고 하겠으며 수유부의 영양 상태는 수유부와 아기의 건강을 위하여 가장 중요한 요소이기 때문에 여성은 평소의 건강관리, 특히 균형 있는 매일의 식사가 되도록 힘써야 한다.

1. 임신부의 영양

1) 태아의 성장과정

임신은 정자와 난자가 만나서 형성된 수정란이 세포분열을 통하여 각 조직과 기관으로 발육하게 된다. 임신 중 태아의 성장과정은 그림 4-1과 같으며 첫 번째 단계는 수정란기로서 수정된 난자가 자궁벽에 착상하기까지의 약 2주간이고 착상이 되지 않으면 출 생전에 사망하게 된다. 두 번째 단계는 배아기로서 2~8주까지의 기간이며 8주째의 배아는 길이 2.5㎝, 무게 1g 정도 밖에 되지 않으나 중추신경계와 내부 신체기관뿐만 아니라 사지와 눈, 코, 입, 귀가 모두 형성되어 완전한 인간의 모습을 갖추게 된다. 따라서 배아기에는 형태학적으로 심한 기형이 발생될 수 있는 중요한 시기이다. 세 번째 단계는 태아기로서 임신 8~40주까지의 기간이며 태아의 신장과 체중이 빠르게 증가되어 출생시의 체중이 3~3.5kg으로 증가되는 시기이다. 이 시기의 영양불량은 미숙아 혹은 사산을 초래하게 되므로 중요한 시기이다.

2) 임신 중의 체중 증가

임신기간 동안 적당한 영양관리의 중요한 지표로서 건강한 임신부는 임신기간 동안 10~12kg 정도 체중이 증가하게 된다. 임신에 의한 체중증가는 표 4-1과 같이 태아 3.3kg, 태반과 양수가 1.45kg, 자궁과 유방이 1.3kg, 모체의 혈액 1.25kg, 모체의 체지방 및 조직증대 5.2kg으로 체중증가의 60% 이상이 모체 부분의 증가이다. 따라서 출산 후에 임신 전의 체중으로 되돌아가기 위해서는 균형 잡힌 식사와 적절한 운동, 모유를 먹이는 것 등이 가장 바람직하다.

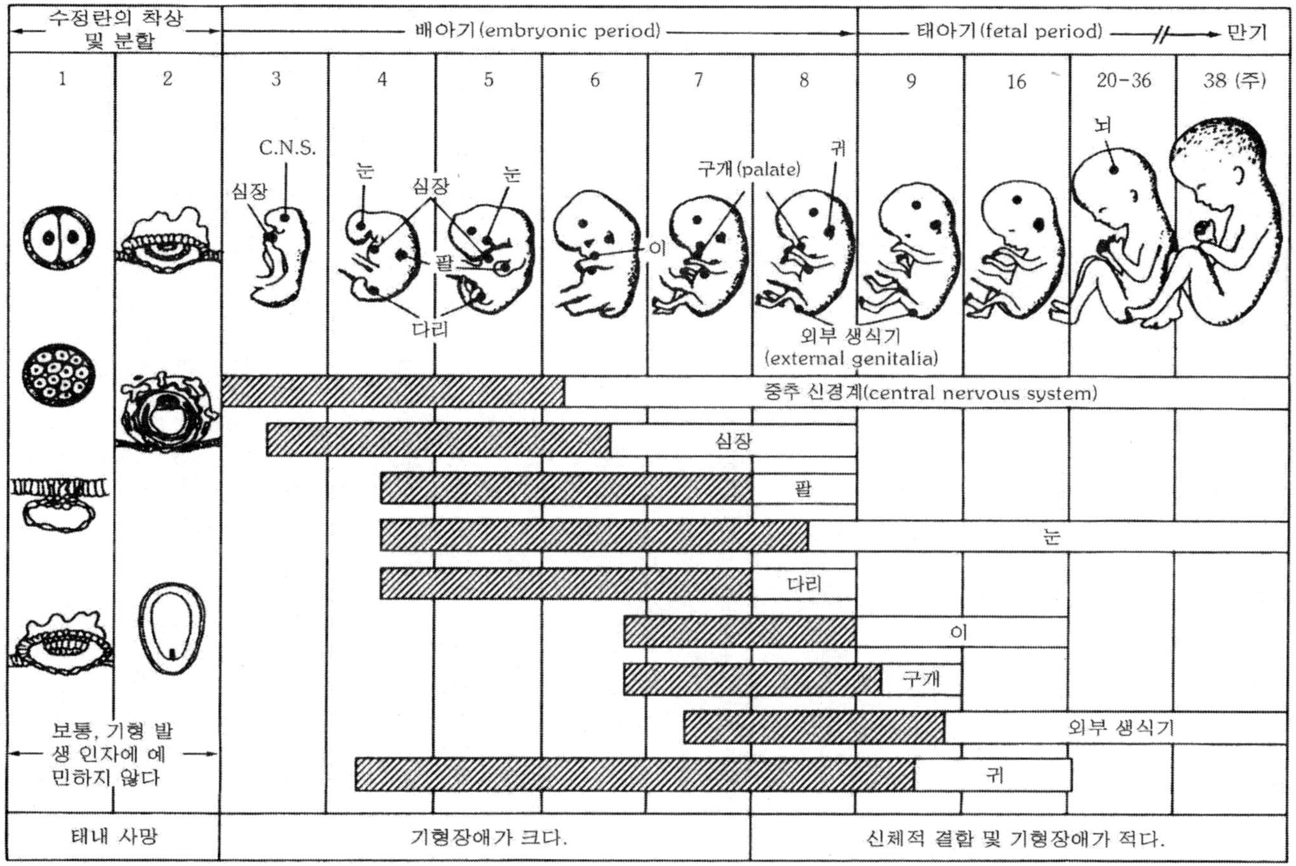

그림 4-1. 임신중 태아의 성장과정(빗금표시 부분은 민감한 기간임)
자료 : Moore, K.I., The developing human. 2nd ed., Ssunders, 1977

표 4-1. 임신 중 체중 증가와 구성 내용

내 용	체 중 증 가 량(g)			
	10 주	20 주	30 주	40 주
태 아	5	300	1,500	3,300
태 반	20	170	430	650
양 수	30	250	600	800
자 궁	135	585	819	900
유 방	34	180	360	400
모 체 혈 액	100	600	1,200	1,250
기타(체지방+조직증대)	330	1,900	3,500	5,200
총 체 중 증 가 량	650	4,000	8,500	12,500

자료 : Committee on maternal nutrition, NRC. 1970

3) 임신 합병증과 이상증세

(1) 유산 및 조산

습관성 유산의 주된 요인으로는 성세포의 결함과 모체의 불량한 환경요인을 들 수 있으며, 특히 불량한 영양상태가 유산의 가능성을 높이는 요소가 된다. 습관성 유산 환자의 경우, 체중과 영양상태를 검토하여 충분한 식사와 휴식으로 정상체중으로 회복된 후에 임신하는 것이 바람직하다. 그리고 임신 전에 저체중이었던 여성의 경우에는 임신기간 동안 정상체중의 여성에 비해 체중 증가율이 낮았을 때 조산이 될 위험성이 크기 때문에 적정 수준의 체중증가를 위하여 세심한 주의를 기울여야 한다.

(2) 임신중독증

임신 5개월이 지나면 고혈압, 단백뇨, 부종, 갑작스런 체중증가, 졸음, 두통, 시각장애, 메스꺼움, 구토 등의 증상이 생기고 심하면 경련증상이 일어나게 된다. 임신중독증의 정확한 원인은 규명되지 않고 있으나, 나트륨(식염)의 과잉섭취, 단백질 섭취 부족, 과다한 체중 증가, 칼슘 섭취 부족 등이 가능한 요인으로 추정되고 있다. 임신중독증은 조기에 발견하여 적당한 치료를 받으면 치유가능하며 식염의 섭취를 줄이고 양질의 단백질을 섭취하는 것이 바람직하다.

(3) 빈혈증

임신기간 동안 혈액량은 50% 정도 증가하나 적혈구는 20% 정도만이 증가함에 따라 혈액 희석효과에 의해 헤모글로빈 농도가 저하되어 우리나라 임신부의 50~70%가 쉽게 빈혈증상을 일으킨다. 임신에 의해 나타나는 빈혈은 철결핍성 빈혈이 가장 많고, 엽산 결핍에 의한 거대 적혈구성 빈혈이 그 다음 순위를 차지하고 있다.

임신성 빈혈의 예방과 치료를 위하여 철분과 엽산을 충분히 섭취해야 하며 그 외에도 조혈작용에 필요한 영양소인 단백질, 비타민 B_6, 비타민 B_{12}, 비타민 C를 충분히 섭취하여야 한다.

(4) 위장장애

변비는 임신에 의한 위장장애중 가장 흔한 증상이다. 이는 임신중 태반에서 분비되는 호르몬인 프로게스테론이 자궁의 근육을 이완시켜 임신을 유지하게 되는데 이때, 장의 근육이 이완되어 변비를 유발하게 되며, 신선한 야채와 과일을 섭취하고 수분을 충분히 섭취하는 것이 변비의 예방과 치료에 도움이 된다.

프로게스테론의 분비에 따라 위장 근육도 이완되어 위산이 식도로 역류하여 가슴에 통증을 느끼게 되는데 이때는 위에 오래 머무는 기름진 음식과 자극성이 강한 향신료를 피하는 것이 좋다. 그리고 위의 압력을 줄이기 위하여 물은 식사시간을 피해서 섭취하는 것이 좋다.

4) 임신의 연령에 따른 문제점

사춘기의 성장과 성의 성숙 시기는 개인에 따라서 차이가 있으며 일반적으로 월경이 시작된 약 3년 후에 생리적 성숙에 도달한다. 임신은 적절한 연령에 하는 것이 바람직하며, 17세 이하의 사춘기나 35세 이상의 만기 임신은 위험 가능성이 높은 연령으로 보고하고 있다. 사춘기 임신과 만기 임신의 문제점은 다음과 같다.

(1) 사춘기 임신

성장을 지속하고 있는 사춘기 소녀가 임신하게 되면 사회적, 정서적, 육체적으로 복합적인 스트레스를 받게 되며 또한 영양적으로 위험에 처하게 된다. 사춘기의 임신부들은 자신의 성장과 더불어 태아의 성장을 위하여 많은 양의 영양섭취가 필수적이지만 적절한 식이 섭취가 이루어지지 않아서 문제가 되고 있다. 사춘기 임신부는 성인여성에 비하여 고혈압, 철결핍성 빈혈, 조산, 사산, 미숙아 출산율이 높다.

(2) 만기 임신

여성들의 사회활동이 증가하면서 결혼연령이 늦어져 출산 연령이 높아지는 경우와 적령기에 출산을 한 후에도 늦은 나이에 다시 임신하게 되는 만기 임신이 증가하는 경향이다.

실제로 여성은 나이가 들면서 수태율이 낮아지며 연령이 증가함에 따라 만성질환도 증가하게 되므로 고혈압, 임신성 당뇨 등의 합병증 발생률이 높아진다. 35세 이상의 임산부는 연령이 높아질수록 유산, 조산, 기형아 출생, 성장지연, 다운증후군 아기의 출생 가능성이 높아지므로 정기적인 산전 관리가 필요하다.

5) 임신부의 식사지침

(1) 임신 전반기

각종 영양소의 필요량은 임신전과 별 차이가 없으나 이 시기에는 모체의 생리적 변화로 인하여 입덧과 함께 음식에 대한 기호가 매우 예민하게 변하는 시기이기 때문에 편식으로 인한 영양장애가 생기지 않도록 주의해야 한다. 공복시에 구토가 심해지기 때문에 소량씩 자주 섭취하는 것이 좋으며, 식욕증진과 변비예방을 위하여 채소와 과일을 많이 섭취하는 것이 좋다.

(2) 임신 후반기

임신 전반기에 비하여 체중이 크게 증가하고 영양소의 필요량이 크게 증가하는 시기로서 열량, 단백질, 칼슘과 철분의 섭취가 부족하지 않도록 유의해야 한다. 하루 세끼의 식사만으로는 이 시기의 영양소 필요량을 충족시키기 어려우므로 오전 10시, 오후 3시, 야식으로 나누어 식사하도록 한다. 자극성 있는 음식의 섭취를 줄이고 식욕을 증진시키면서 소화되기 쉬운 식품을 선택하여 섭취하고 적절한 운동을 하는 것이 좋다.

2. 수유부의 영양

1) 수유 현황

(1) 미국

모유는 영아에게 가장 우수한 영양 급원임에도 불구하고 미국의 모유 수유율은 제2차 세계대전 이후 계속 감소되어 1970년에는 생후 1주일된 영아의 모유 수유율이 25%로 낮았다. 세계보건기구(WHO)는 1960년대부터 모유수유를 권장하는 캠페인을 벌인 결과, 1980년대 초 미국의 모유수유율이 1970년의 2배 이상으로 증가하였으며 1994년에는 산부인과 병원에서 퇴원하는 산모의 57.4%가 모유수유를 하였으며 생후 6개월까지 모유로 양육되는 영아는 19.7%로 증가하였다.

(2) 한국

우리나라에서 수유방법의 변화는 표 4-2와 같다. 1960년대 후반까지 모유영양이 농촌에서 95% 이상, 도시에서 60% 이상을 차지하였다. 그러나 1970년 이후에 도시와 농촌 모두 지속적으로 감소하여 2005년도에 이르러서는 농촌지역의 모유영양은 43.2%로 여전히 감소하였으나 도시지역에서는 42.9%로 1990년에 비하여 20.2%가 증가되었다.

표 4-2. 수유 방법의 연도별 현황 (단위 : %)

연도	모유영양		인공영양		혼합영양	
	농촌	도시	농촌	도시	농촌	도시
1967-1968	95.6	60.4	4.4	16.5	0.0	23.1
1974-1978	82.0	51.7	8.0	19.8	10.0	28.5
1981-1986	73.5	28.5	10.3	41.0	12.3	30.5
1987-1990	58.8	22.7	5.9	63.6	35.3	13.6
2005	43.2	42.9	54.6	44.1	2.2	13.0

자료 : 송요숙, 한국영양학회지, 24(3), 282-291, 1991
자료 : 국민보건영양조사

한편, 2005년 우리나라의 월령별 모유수유 실태를 그림 4-2에서 보면, 월령이 증가할수록 조제분유를 먹는 인공영양아가 늘어나면서 모유영양아는 감소하였다.

우리나라는 어머니의 교육수준과 소득수준이 높을수록 모유영양을 실시하는 비율이 현저히 감소된다고 보고되고 있으나 미국, 영국, 스웨덴 등에서는 어머니의 교육수준과 소득수준이 높을수록 모유영양을 실시하는 비율이 높은 것으로 조사되고 있어 대조적이다.

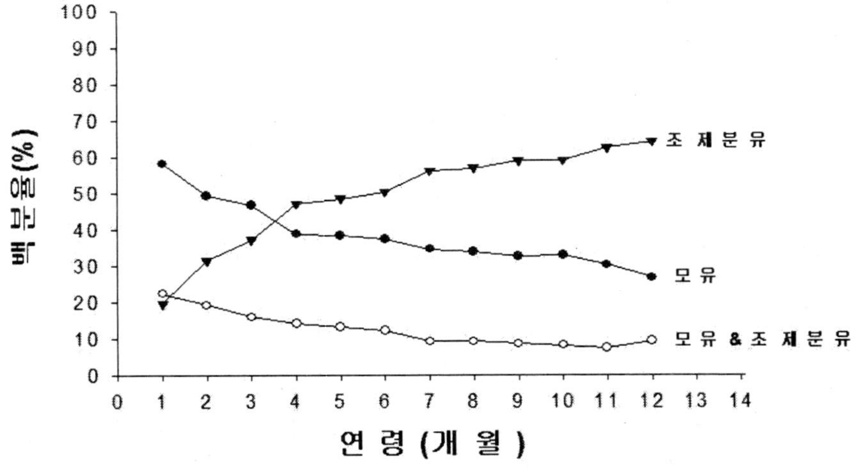

그림 4-2. 모유 및 인공영양의 월령별 현황(2005년)
자료 : 국민보건영양조사

모유수유율이 저하된 원인은 TV 광고에서 분유의 과대 선전, 산부인과 병원에서 분만 후 어머니와 아기를 다른 방에 격리시키는 제도, 의료인들의 무관심, 여성의 취업 증가에 따른 모유수유의 어려움 등으로 지적되고 있다. 1990년대 중반부터 모유수유의 중요성이 새롭게 인식되면서 몇몇 병원을 중심으로 분만 후 어머니와 아기를 같은 방에서 지내게 하는 모자동실(母子同室)제도를 실시함으로써 모유수유 확산 분위기를 조성하고 있다. 현재, 우리나라 정부에서도 우리나라의 모유수유율이 너무 낮은 문제점을 극복하기 위하여 모유먹이기 캠페인을 벌이고 있어 다행이다.

2) 모유수유의 장점

모유는 아기에게 가장 우수한 영양 공급원이며 모유수유를 통하여 어머니와 아기와의 상호작용을 증진할 수 있는 중요한 계기가 된다. 최근에 수행된 많은 연구 결과에서 모유수유 기간이 길수록 유방암의 발병률이 낮다고 보고하고 있으며 모유영양의 장점을 정리해 보면 표 4-3과 같다.

표 4-3. 모유수유의 장점

구 분	장 점
아기 측면	성장에 필요한 완전한 영양소 공급 면역물질을 함유하여 감염 예방 영양소의 소화와 흡수가 용이 알레르기의 예방 지능발달, 사회성 발달 및 정서적 안정감
수유부 측면	자궁수축 촉진으로 산후 회복이 빠름 출산 후 비만 방지 피임효과로 적절한 출산 간격 유지 유방암, 난소암 발생 감소 아기와의 깊은 유대관계 형성
사회경제적 측면	경제적이며 편리함

3) 모유와 우유의 영양성분 비교

모유는 아기에게 가장 이상적인 음식이며 아기가 생후 4~6개월까지 성장하는데 필요한 영양소는 철분을 제외하고 대부분 충족시킨다. 그리고 모유의 성분은 아기가 성장하면서 필요한 요구량을 충족시키기 위하여 필요한 성분으로 변화한다.

표 4-4는 모유, 우유, 조제분유 성분을 비교한 결과이며 각 영양성분의 특성은 다음과 같다.

(1) 당 질

모유내에 다량 함유되어 있는 젖당은 장내 비피더스균의 번식을 촉진시켜 장내의 환경을 산성화하고 병원성 균이나 잡균류의 번식을 억제시킨다. 또한 소화 · 흡수율이 우유보다 높으며 칼슘, 인, 마그네슘 등의 무기질 흡수를 도와준다.

(2) 단백질

모유에는 우유보다 단백질의 함량이 낮으나 그 조성면에서는 락토페린, 면역글로불린, 라이소자임 등의 유청단백질이 많이 함유되어 영아에게 유익하며 소화되기 쉽다. 그러나 우유는 필요 이상으로 많은 양의 단백질을 함유하고 있으며, 특히 우유속의 카제인은 모유의 약 7배 정도로서 응유효소인 레닌에 의해 딱딱하고 거친 curd를 형성하여 흡수율이 낮고 필요 이상으로 많은 양의 단백질이 영아의 신장에 부담을 주게 된다.

(3) 지 질

지질의 함량은 모유나 우유 모두 비슷한 수준이지만 지방산 조성은 모유가 더 우수하며 불포화지방산의 함량이 우유보다 많다. 특히 두뇌발달 초기에 중요한 역할을 하는 것으로 알려진 ω-3계 불포화 지방산인 DHA가 모유속에 상당량 함유되어 있으며 또한 모유의 지질은 미세한 지방구로 되어 있어 소화가 잘 되나 우유속의 지방구는 모유에 비해 입자가 크고 소화성도 낮다.

(4) 무기질

우유는 모유보다 인은 6배, 칼슘은 4배, 총 무기질 함량은 3배 정도 더 많이 함유하고 있으며 우유내에 많이 함유된 무기질은 아기의 신장에 부담을 주게 된다. 철분은 모유와 우유에 거의 같은 양을 함유하고 있으나, 모유의 철분은 약 50% 이상이 흡수되며 우유의 철분은 약 10% 밖에 흡수 되지 않아서 체내 이용률이 낮다.

(5) 비타민

모유의 비타민 함량은 특히 수유부의 식사 중 섭취량에 많은 영향을 받는다. 지용성, 수용성 비타민 모두 충분한 양이 있으며 비타민 D의 함량은 일광을 통해 충당할 수 있다. 그 밖에 비타민 B 복합체와 비타민 K는 우유에 더 많이 함유되어 있으나 비타민 C 함량은 모유가 우유보다 3~5배 높다.

표 4-4. 모유, 우유, 조제분유의 성분비교

성 분	모 유	우 유	조제분유
면역물질	존재한다.	존재하지 않는다.	존재하지 않는다.
단 백 질	적정한 수준 소화되기 쉽다.	함량이 너무 많다. 소화되기 어렵다.	부분적으로 보정
지 질	필수지방산 충분 리파아제가 있다.	필수지방산 부족 리파아제가 없다.	필수지방산 부분적 첨가 리파아제가 없다.
무 기 질	적정한 수준	너무 많다.	부분적으로 보정
철	소량, 흡수율이 높다.	소량, 흡수율이 낮다.	철분첨가 흡수율이 낮다.
비 타 민	충분하다.	비타민 C 부족	비타민 첨가

국제 모유 먹이기 운동

-아기에게 친근한 병원만들기(Baby Friendly Hospital Initiative ; BFHI)-

전 세계적으로 분만의 80% 이상이 병원에서 행해지고 있고, 아기 출산 후 2,3일간 병원에서 아기에게 무엇을 먹이는가가 수유의 선택에 큰 영향을 주고 있음이 연구결과에서 밝혀졌다. 이러한 현실에 입각하여 1992년 세계보건기구(WHO)와 유니세프(Unicef)는 병원에서 출생한 직후부터 아기에게 젖을 먹이도록 권장하는 방법으로 "아기에게 친근한 병원만들기(BFHI)" 운동을 시작하게 되었다.

유니세프와 세계보건기구는 다음과 같은 10개의 사항을 정하고 이를 시행하는 병원을 '아기에게 친근한 병원'이라고 명명하고 '아기에게 친근한 병원'이라고 새겨진 간판을 걸어주고 격려하고 있다. 2001년까지 '아기에게 친근한 병원'으로 지정된 병원은 전세계적으로 14,500여개, 우리나라에는 20개의 병원이 지정되어 있었으나 2010년 7월까지 우리나라에는 지정된 병원 수가 40개로 증가하게 되었다.

성공적인 엄마젖 먹이기10단계 (세계보건기구, 유니세프)

1. 의료기관은 의료 요원을 위한 엄마젖 먹이기 방침을 마련한다.
2. 이 방침을 실행하기 위하여 모든 의료 요원에게 엄마젖 먹이기 기술을 훈련시킨다.
3. 엄마젖의 장점을 임산부에게 교육시킨다.
4. 아기가 태어난 후 30분 이내에 엄마젖을 물린다.
5. 임산부에게 젖먹이는 방법과 아기와 떨어져 있어도 젖 분비를 유지하는 방법을 자세히 가르친다.
6. 아기에게 엄마젖 이외의 다른 음식물을 주지 않는다.
7. 엄마와 아기는 한 방을 쓴다(모자동실).
8. 젖은 아기가 원할 때마다 먹인다.
9. 아기에게 엄마젖 외에 인공 젖꼭지 등 다른 것을 물리지 않는다.
10. 엄마젖 먹이는 모임을 만들도록 한다.

4) 수유부의 식사지침

수유부의 건강상태와 영양섭취는 영아의 건강과 성장에 직접적인 영향을 미치기 때문에 수유부는 안정된 환경에서 규칙적인 수면, 휴식, 운동과 균형 있는 식사를 해야 한다.

수유부의 식사 내용은 곧바로 유즙의 성분과 질에 반영되므로 위생상 안전한 식품을 섭취해야 하며 유선의 활동 촉진과 유즙 분비를 위해 양질의 단백질이 필요하다. 짠 음식이나 자극적인 식품은 피해야 하며 신선한 야채와 과일을 섭취하여 무기질, 비타민, 섬유질을 공급하고 다양한 식품을 섭취하는 것이 바람직하다.

5) 영양과 두뇌의 발달

태아와 영아의 영양과 두뇌 발달과의 관계는 영양학에서 중요한 관심분야로 주목받고 있다. 두뇌와 중추신경계는 태아기와 신생아 초기에 급격히 성장하며, 생후 6개월이 되면 두뇌의 전 세포수가 최대에 이르게 되고 4세가 되면 두뇌의 90%가 형성된다고 한다.

그림 4-3은 심한 영양불량일 때, 뇌세포 수를 상징하는 DNA 함량이 감소되어 있음을 나타내고 있다. 영양불량과 두뇌 발달과의 관계는 명백히 규명되어 있지 않으나 심한 영양불량에서 나타나는 환경적인 변화가 두뇌 발달에 필요한 여러 가지 특성들을 결여시키는 요소가 되기 때문이다. 영양섭취가 부족하고 열악한 환경에서 자라는 어린이는 신체장애와 함께 지적인 발달면에서도 제한을 받게 된다.

따라서 아기에게 영양적으로 균형 잡힌 음식과 엄마의 사랑이 함께 주어질 때에 아기의 신체적인 발달과 더불어 두뇌 발달은 좋은 영향을 받을 것으로 생각된다.

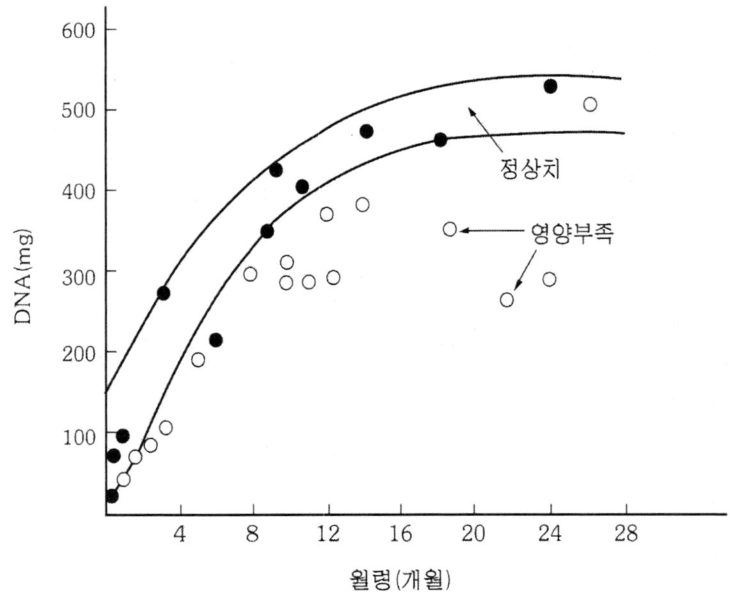

그림 4-3. 뇌세포 수를 상징하는 소뇌 중의 DNA 함량

6) 임신부와 수유부의 영양권장량

임산부와 수유부의 영양권장량은 표 4-5와 같다. 임신부는 태아와 모체의 새로운 조직 합성을 위하여 모든 영양소의 필요량이 증가 되나 특히 추가 비율이 높은 영양소는 비타민 D와 엽산이며 임신 전 기간 동안 성인 권장량의 100%를 추가해야 하며, 철분은 임신 후반기에 성인의 50%를 추가로 섭취해야 한다.

수유부의 영양은 모체의 빠른 회복, 신생아의 성장과 두뇌 발달에 밀접한 관계가 있으며 대부분의 영양소는 임신부에 비해 더 많은 영양을 필요로 한다. 수유부에게 특히 많은 양을 추가해야 하는 영양소로는 비타민 D가 성인 권장량의 100%, 칼슘이 57%, 아연이 60%, 비타민 A가 75%, 그리고 비타민 C는 38%를 추가로 섭취해야 한다.

표 4-5. 임신부와 수유부의 영양권장량

영양소		비임신부	임신전반	임신후반	수유부
에너지(kcal)		2,100	+340	+450	+320
단백질 (g)	평균필요량	40	+12	+15	+20
	권장섭취량	50	+25	+30	+25
식이섬유(g)		25	+5	+5	+5
수분(mℓ)		2,100	+200	+200	+700
비타민 A(μg RE)		650	+70	+70	+490
비타민 D(μg)		5	+5	+5	+5
비타민 E(mg α-TE)		10	+0	+0	+3
비타민 C(mg)		100	+10	+10	+35
티아민(mg)		1.1	+0.4	+0.4	+0.4
리보플라빈(mg)		1.2	+0.4	+0.4	+0.4
나이아신(mg NE)		14	+4	+4	+5
비타민 B_6(mg)		1.4	+0.8	+0.8	+0.8
엽산(μg DEF)		400	+200	+200	+150
비타민 B_{12}(μg)		2.4	+0.2	+0.2	+0.4
판토텐산(mg)		5	+1	+1	+2
비오틴(μg)		30	+0	+0	+5
칼슘(mg)		650	+280	+280	+370
마그네슘(mg)		280	+40	+40	+0
철(mg)		14	+10	+10	+0
아연(mg)		8	+2.5	+2.5	+5.0
구리(μg)		800	+130	+130	+450
요오드(μg)		150	+90	+90	+180
셀레늄(μg)		55	+4	+4	+10
몰리브덴(μg)		600	+600	+600	+600

자료 : 제 9차 개정 한국인 영양권장량(2010).

제 5 장 비만과 섭식장애

오늘날 현대인들은 소득수준의 증가와 사회구조의 변화로 일상생활이 자동화 되고 신체 활동량이 적어지면서 늘어나는 과체증인 비만은 대사성 질환으로 만성질환을 유발하는 근본적인 원인 제공자로서 수명을 단축시키고 사는 동안 삶의 질을 떨어뜨리게 된다. 그 반면에 일부 성인여성과 청소년들은 매스컴의 발달로 우상이 된 연예인이나 스포츠 스타들의 날씬함을 추구하고 뚱뚱한 것은 아름답지 못하다는 잘못된 미의 가치 기준을 가지면서 올바르지 못한 식이섭취 패턴과 건강에 장애가 생길 만큼 저체중을 일으키게 되고 심한 경우에는 죽음에 이르게 된다. 따라서 이 장에서는 체중조절 실패시 나타나는 문제점과 건강한 몸매를 갖는 방법에 대해서 알아보자.

1. 정상체중 유지를 위한 하루 필요열량

정상적인 체중 유지는 하루 필요한 에너지 섭취량과 운동이나 활동을 통한 에너지 소모량의 균형에 의하여 이루어진다. 하루 동안 우리에게 필요한 에너지는 기초대사량, 활동에 의한 에너지소모량, 식품 이용을 위한 에너지소모량 그리고 적응대사량으로 이루어진다(그림 5-1).

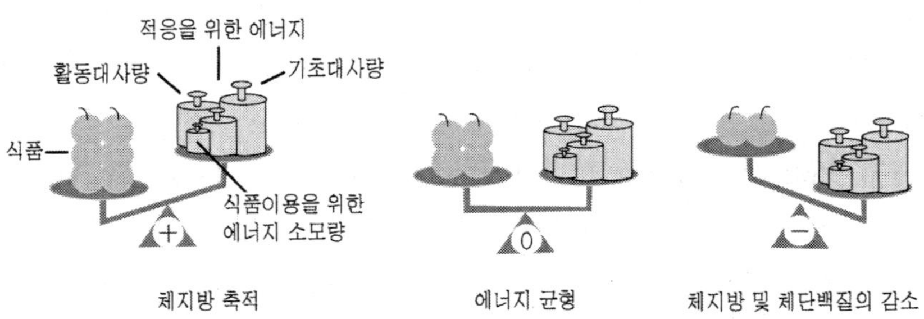

그림 5-1. 에너지균형과 불균형

1) 기초대사량

기초대사량이란 생명현상을 유지하기 위해 신체내에서 무의식적으로 일어나는 활동 및 대사작용 즉 체온조절, 심근의 수축작용, 혈액순환, 호흡 등에 필요한 에너지로서 정상인의 기초대사량은 전체 소비량의 60~75%를 차지한다. 개인의 기초대사량은 연령, 나이, 체표면적, 질환, 날씨 등 여러 가지 요인에 의해 영향을 받으므로 사람마다 조금씩 차이가 난다.

2) 활동에 의한 에너지소모량

신체활동에 필요한 에너지는 표 5-1에서 처럼 주로 근육활동에 필요한 에너지로서 개인에 따른 활동량의 차이가 많이 나므로 개인차가 가장 큰 부분이다. 활동에 의한 에너지 소비량은 하루 총 에너지의 30% 정도를 차지한다.

표 5-1. 성인의 활동별 에너지 권장량

성별	신장 (cm)	신체활동 수준	체중(kg)		에너지필요추정량	
			기준 BMI 18.5	기준 BMI 24.9	기준 BMI 18.5	기준 BMI 24.9
남자	160	비활동적	47.4	64.0	1,993	2,257
		저활동적			2,171	2,464
		활동적			2,397	2,727
		매우활동적			2,769	3,160
	165	비활동적	50.4	68.0	2,068	2,349
		저활동적			2,254	2,566
		활동적			2,490	2,842
		매우활동적			2,880	3,296
	170	비활동적	53.5	72.2	2,114	2,442
		저활동적			2,338	2,670
		활동적			2,586	2,959
		매우활동적			2,992	3,434
	175	비활동적	56.7	76.5	2,222	2,538
		저활동적			2,425	2,776
		활동적			2,683	3,078
		매우활동적			3,108	3,576
	180	비활동적	59.9	81.0	2,301	2,635
		저활동적			2,513	2,884
		활동적			2,782	3,200
		매우활동적			3,225	3,720
여자	150	비활동적	41.6	56.2	1,625	1,762
		저활동적			1,803	1,956
		활동적			2,025	2,198
		매우활동적			2,291	2,489
	155	비활동적	44.4	60.0	1,688	1,834
		저활동적			1,873	2,037
		활동적			2,104	2,290
		매우활동적			2,382	2,593
	160	비활동적	47.4	64.0	1,752	1,907
		저활동적			1,944	2,118
		활동적			2,185	2,385
		매우활동적			2,474	2,699
	165	비활동적	50.4	68.0	1,876	1,982
		저활동적			2,016	2,202
		활동적			2,267	2,407
		매우활동적			2,567	2,807
	170	비활동적	53.5	72.2	1,881	2,057
		저활동적			2,090	2,286
		활동적			2,350	2,573
		매우활동적			2,662	2,917

자료 : 한국영양학회(2010).

3) 식품 이용을 위한 에너지소모량

식품을 섭취한 후 식품이 소화·흡수·대사·이동 및 저장되는데 필요한 열량으로 총 에너지 소비의 10% 정도이다. 이 에너지량은 식이 내 열량의 총 함량과 구성 성분의 비율, 영양상태와 식습관 등에 따라 달라지며, 단백질 식사는 25~30%, 탄수화물 식사는 10~15%, 지질식사는 3~4%로 가장 낮으며, 균형된 식사를 할 때에는 섭취한 에너지의 10% 정도를 차지한다.

4) 적응을 위한 에너지량

적응을 위한 에너지량은 변화하는 환경에 적응하기 위하여 증가된 분량의 대사량을 말하는데 스트레스, 온도, 심리상태, 영양상태 등의 변화에 따라 증가될 수 있는 에너지의 부분이다.

2. 정상 체중의 판정방법

비만은 일반적으로 체중이 많이 나가는 상태로 정의를 내리지만 정확한 의미는 피하조직과 복강내에 지방이 과다하게 축적된 상태를 말한다. 다시 말해서 운동선수처럼 근육량의 증가로 체중이 많이 나갈 때는 비만이라고 하지 않는다.

1) 표준체중을 구하는 방법

올바른 체중관리를 위해서는 가장 먼저 자신의 표준체중(ideal body weight)을 정확히 인식하여야 한다. 그러므로 각 개인의 표준체중을 정확히 계산하여야 하는데 동양인에게 많이 사용하는 공식은 다음과 같다.

브로커(Broca) 변법
신장 150cm 미만일 때 : 표준체중(kg) = 신장(cm) - 100
신장 150~159cm일 때: 표준체중(kg) = {신장(cm) - 150}/2 + 50
신장 160cm 이상일 때 : 표준체중(kg) = {신장(cm) - 100} × 0.9

2) 체중 이상을 판정하는 방법

비만을 정확히 판정하기 위해서는 체지방량의 직접적인 측정이 필요하나 측정기구나 방법이 일반화되지 않고 비용이 많이 소요되므로 체중과 키를 이용한 비만지수나 체질량지수(body mass index, BMI) 그리고 허리둘레나 허리/엉덩이 둘레 비(waist/hip ratio, WHR)와 같은 간접 측정법을 보편적으로 손쉽게 가장 많이 이용한다. 비만지수, 체질량지수를 구하는 방법과 비만진단 기준은 다음 식과 그림 5-2에서 제시하였다. 허리둘레의 비만진단은 남자는 90cm 이상, 여자는 80cm 이상인 경우 그리고 허리/엉덩이 둘레비의 비만 진단은 남자 0.9 이상, 여자 0.8 이상인 경우 비만과 관련된 질환의 유병률이 현저하게 증가되는 것으로 나타났다.

3. 체중의 증가

1) 체중증가 원인

유전적 요인 비만증의 발생은 유전이 중요한 역할을 하며 여기에 환경적 요인이 부합되어 증폭되게 된다. 부모 모두 정상인 경우에는 자식이 비만이 될 확률은 10% 이하, 부모 중 한 쪽만 비만한 경우에는 자식의 50%가 비만인 반면, 부모가 모두 비만한 경우 자식의 80%가 비만이 된다. 이러한 양상은 순수한 유전적 요인도 있겠지만, 비만아는 부모의 식습관을 비롯한 생활습관이 유사한 환경 속에서 성장하게 되므로 부모가 비만일 경우 아이가 비만이 될 가능성이 높다.

환경적 요인 평소 섭취량이 많거나 한 번에 많은 량을 먹는 경우 그리고 간식의 섭취량이 많거나 야식을 즐긴다던지 하는 이런 잘못된 식습관과 문화적 · 사회적 · 경제적 상태와 연관된 환경 변화에 의한 운동량의 부족으로 비만이 초래되기 쉽다.

심리적 요인 심리적인 스트레스를 해결하기 위한 가장 원시적인 형태로 많은 량의 음식을 섭취하여 비만 발생을 일으킬 수 있다.

내분비 및 시상하부의 이상 내분비 이상, 시상하부 장애, 뇌하수체 종양 등으로 식욕중추에 장애가 생겨 비만이 나타날 수 있다.

2) 체중증가시 나타나는 체형의 변화

비만의 정확한 정의는 체중에 대한 지방의 비율이 남자는 20%, 여자는 30% 이상 초과할 경우를 말한다. 이때 지방세포 수와 크기의 변화가 나타나거나 체지방이 어느 부위에 축적 되었는가에 따라서 체형의 변화가 나타나므로 다음과 같이 분류한다. 과거에는 체내에 함유된 총 지방량이 문제되었으나 최근에는 지방이 어느 부위에 어느 정도 축적되어 있는가라는 지방의 분포상태가 각종 질병 발생에 중요한 인자로 밝혀졌다.

(1) 지방세포수와 크기에 따른 분류

지방세포의 크기가 증가하여 생긴 비만은 주로 성인기에 나타나는 성인비만 형태인 반면에 지방세포수와 함께 지방세포의 크기가 같이 증가되어 생긴 비만은 주로 어려서부터 시작된 소아비만의 경우에 해당된다.

(2) 여성형 비만과 남성형 비만

남성형 비만(상체형 비만, 사과형 모양) 남성에게서 많이 나타나는 비만형으로 체지방이 주로 흉부 · 복부 및 팔 등 신체상부에 분포되어 있다. 특히 지방이 복부에 많이 분포되어 관상동맥질환, 뇌졸중, 고혈압, 당뇨병, 고지혈증, 통풍 등 성인병의 발병비율이 높다.

여성형 비만(하체형 비만, 서양배형 모양) 여성에게서 많이 관찰되는 비만형으로 체지방이 주로 엉덩이와 허벅지와 같은 하체조직에 지방이 많이 축적되어 있으며 이는 여성 호르몬에 의한 영향으로 보고 있다.

비만지수(%) = $\frac{\text{실제 체중(kg)} - \text{표준체중(kg)}}{\text{표준 체중(kg)}} \times 100$

판정기준

- −20% 이하 : 심한 저체중
- − 10% 이하 : 저체중
- ± 10% : 정상
- + 10% 이상 : 체중과다
- + 20% 이상 : 비만
- + 30% 이상 : 심한비만

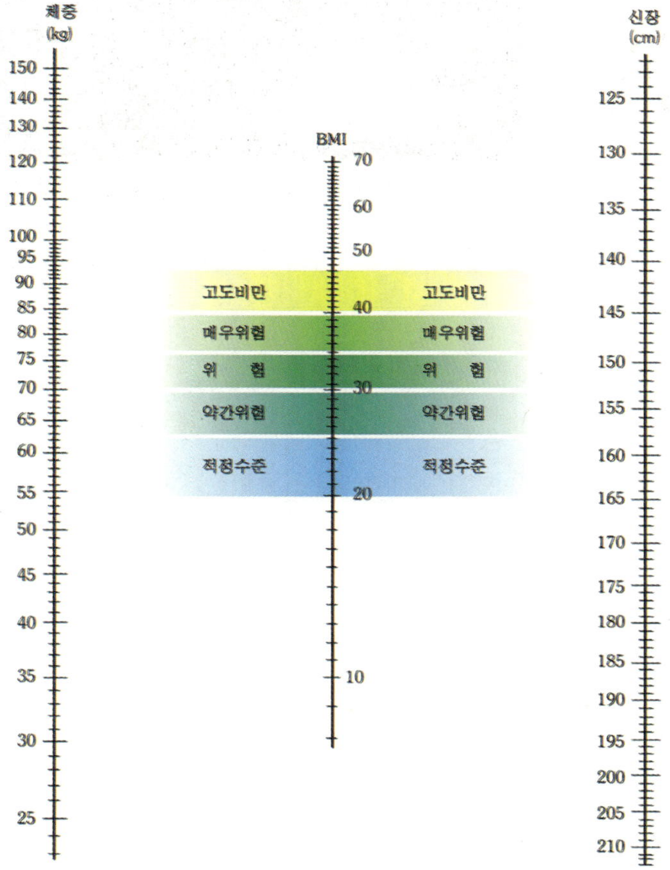

그림 5-2. 체질량지수를 이용한 비만도 평가

(3) 체지방의 축적부위

내장지방형 비만 지방이 복강 내 장기와 장기 사이에 과잉 축적된 형태로 주로 사과형에서 많으며 당뇨병 · 고지혈증 · 고혈압 등 성인성 만성질환의 합병증을 일으키기 쉬우므로 건강상에 문제가 더 많다.

피하지방형 비만 주로 지방이 피하에 저장되어 있으며 서양배형 모양에 많다.

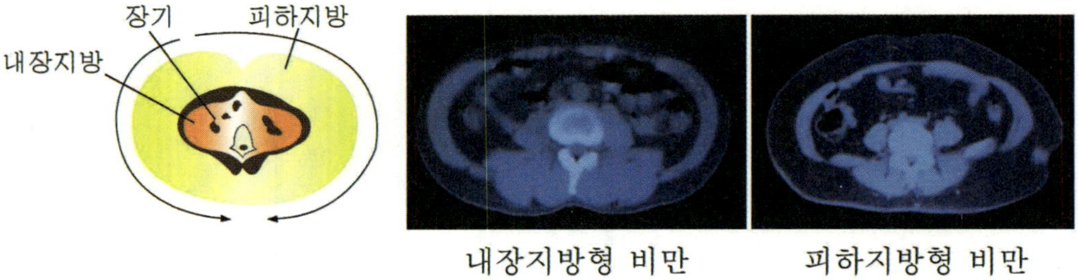

그림 5-3. 내장지방형 및 피하지방형 비만의 복부 CT 영상비교

3) 체중조절방법

다이어트의 성공률을 높이기 위해서는 올바른 식이, 운동, 생활습관의 변화가 요구되면서 다음과 같은 과학적인 접근법이 필요하다.

- 올바른 비만관리는 지방량의 감소
- 지방감량의 적절한 속도
- 감량 한 후 유지할 수 있는 대책 세우기

(1) 체중조절량

체중 감량을 위하여 우선 지켜야 할 원칙은 표 5-2에서 제시한 자료를 근거로 하여 본인의 정상체중과 활동량에 맞는 필요한 열량을 구하는 것이다. 1일 필요 열량을 구한 뒤 체중감량에 필요한 열량을 빼 준다. 왜냐하면 비만인은 지금까지 필요한 열량보다 많은 열량을 섭취했기 때문에 필요한 열량에서 20% 감소시킨 만큼 섭취한다. 체중이 줄기 시작하면 단계적으로 감량식을 실시하여 극심한 비만증은 다음 단계의 40~50%까지 섭취열량을 줄여본다.

1일 필요에너지(kcal) = 실제체중(kg) x 활동 및 비만 정도에 따른 단위체중당 열량 필요량 (kcal/kg)

한 예로 신장이 165cm이고 몸무게 75kg 여대생의 표준체중과 비만도를 계산한다. 그런 다음 하루에 필요한 열량을 후 다음 하루 20%의 열량을 제한했을 때 나타날 수 있는 체중 감량에 대하여 알아보자.

표준체중 : (165 cm−100)×0.9 = 58.5 kg
비만도 : 75kg/58.5kg×100 = 128%(과체중)
일일 필요열량 : 75kg×25kcal/kg = 1,875kcal/일
20% 감량시 : 1,875kcal×0.2 = 375kcal
일일 섭취열량 :1,875kcal − 375kcal = 1,500kcal/일
일주일 감량되는 열량 : 375kcal×7일 = 2,625kcal/주
일주일 동안 감소되는 체지방량 : 2,625kcal÷9kcal = 292g/주
한 달 동안 감량되는 체지방량 : 292g×4 = 1,168g/달(1.1kg)

따라서 하루에 375kcal의 열량을 적게 섭취할 경우 한 달 동안 1.1kg의 체중감량이 일어나게 된다.

표 5-2. 활동 및 비만정도에 따른 열량 필요량

비만도	가벼운 활동정도 (거의 앉아서 일하는 정도)	중정도 활동 (걷기, 자전거 타기 등 정기적으로 하는 가벼운 운동)	심한 활동정도 (달리기, 수영 등 1주일에 4~5회 정도 하는 강도 있는 운동)
과체중	25kcal/kg	30kcal/kg	35kcal/kg
정상체중	30kcal/kg	35kcal/kg	40kcal/kg
저체중	35kcal/kg	40kcal/kg	45kcal/kg

(2) 식사요법

저열량 균형식을 기본원칙으로 한 구체적인 식사요법은 음식을 골고루 섭취하면서 평소 섭취열량보다 적게 먹음으로써 지속적인 체중감소를 유도한다. 성인의 경우 1주일 동안 약 0.5~1.0kg 정도의 체중감량이 가장 안전하며 또 지속적인 실행도 가능하다. 이를 위해서는 보통 하루 500kcal 정도를 적게 섭취 하여야 하며 그 결과 한 달에 2~3kg 정도의 체중감량을 가져올 수 있다. 그러나 하루 1,200kcal 이하의 저열량식을 실행하는 것은 피하는 것이 좋다. 극심한 저열량식은 단백질, 비타민, 무기질 등 체내 대사 및 생리기능의 유지에 필요한 영양소의 결핍 및 전반적으로 체내 면역기능이 저하되어 질병이 나타날 수 있다. 특히 당질의 극적인 제한은 체액의 산성화와 저혈당의 부작용을 초래하므로 최소한 1일 100~150g 정도의 섭취는 반드시 필요하다. 또한 지방은 동물성 포화지방은 제한하는 대신 필수지방산을 함유한 식물성 유를 주로 섭취해야 하며 단백질을 함유한 식품은 충분히 공급하는 것이 바람직하다.

저열량식의 구체적인 실천방법

- 공복감을 최소화할 수 있는 식사 수준에서 설탕, 꿀, 사탕, 탄산음료는 제한하며 대신 도정하지 않은 곡류(현미 잡곡밥, 메밀국수, 통밀빵)를 세끼 주식으로 섭취한다.
- 단백질 식품은 생선, 두부, 껍질 벗긴 닭, 계란, 살코기 중에서 골라서 섭취한다.
- 기름이 많이 들어가는 조리법은 피하며, 중국요리나 튀김보다는 백반, 및 구이, 찜 등의 요리를 선택하는 것이 좋다.
- 음식이 짜거나 매운 음식, 뜨겁거나 탄 것, 칼로리만 높고 영양소가 거의 없는 식품류의 섭취는 피한다.
- 다이어트 식품이라는 이름으로 판매되는 식품에는 무조건 열량이 없을 것이라고 믿지 말자.
- 열량이 적은 식품(맑은 고기 국물, 푸른잎 채소, 오이, 김, 미역, 곤약 등)을 적절히 이용한다.
- 가공된 식품보다는 직접 조리해서 먹는 것이 좋다.
- 술과 담배, 카페인 음료는 영양소 대사에 방해가 되므로 절제한다.
- 외식을 할 때에는 하루 섭취량을 넘지 않도록 분량을 조절하고 식품을 골고루 섭취할 수 있는 것을 선택한다.
- 하루 6~8 컵 이상의 물을 마시자.

(3) 운동요법

운동으로 인한 에너지 소비량 운동으로 소비되는 에너지량은 생각보다 많지 않으며 체중이 줄어드는 속도도 늦다. 그러나 식이요법만으로 체중 조절을 하는 것 보다 장기적으로 볼 때 내장 지방량의 감소로 체중 감량에 성공할 확률이 높다. 또한 운동은 근육을 발달시키고 기초대사량을 늘려 살이 찌지 않은 체질로 만들어 준다. 표 5-3과 표 5-4에서는 육체적 운동에 따른 에너지 소모량과 음식의 종류별로 칼로리 섭취량을 나타내었다.

표 5-3. 각종 운동의 에너지소비량(55kg 정도의 20세 여성이 10분 운동할 경우)

운동의 종류	소비량	운동의 종류	소비량	운동의 종류	소비량
조깅	86kcal	아령운동	28kcal	탁구	55kcal
줄넘기	82kcal	에어로빅	46kcal	볼링	28kcal
자전거	34kcal	배드민턴	64kcal	수영	160kcal
스트레칭	23kcal	테니스	64kcal	스키	64kcal
팔굽혀펴기	38kcal	라켓볼	92kcal	골프	37kcal

표 5-4. 음식별 칼로리 섭취량

음식의 종류	섭취량	음식의 종류	섭취량	음식의 종류	섭취량
밥 한공기	300kcal	소보르 빵 1개	200kcal	김밥 한줄	300kcal
핫도그 한개	200kcal	감자칩 한봉지	540kcal	라면 한개	500kcal
자장면 한그릇	700kcal	옥수수 한개	200kcal	계란 한개	75kcal
사과 한개	100kcal	귤 한개	50kcal	우유 한잔	125kcal
생선 한토막(큰것)	150kcal	등심 1인분	400kcal	바나나 한개	100kcal
감자 한개	100kcal	돈까스 1인분	1000kcal	햄버거 한개	400kcal
치킨 한조각	200kcal	피자 한쪽	250kcal	소주 한병(2홉)	550kcal
맥주 한병(작은 병)	300kcal	양주 한잔	100kcal	콜라 1캔	38kcal

유산소 운동과 무산소 운동 운동을 하는 동안 체내 저장된 당질과 체지방 중에서 어떤 것이 연료로 사용될 것인가 하는 것은 운동의 종류에 따라 다르다. 걷기 · 수영 · 자전거 타기 · 조깅 · 에어로빅 등 무리 없이 호흡을 할 수 있고 땀이 조금 나는 정도의 유산소 운동을 하는 경우에는 신체 내에 저장된 연료를 에너지로 전환시키는데 필요한 충분한 양의 산소를 공급받을 수 있다. 그러므로 체지방을 주요 연료로 사용하여 체지방의 감량을 유도한다. 만약 유산소 운동이 너무 빠른 속도로 지나치게 진행되면 무산소 운동이 되며, 이러한 경우는 체지방 보다는 포도당이 주 연료로 사용되기 시작한다. 하지만 무산소 운동도 근육을 단련시키고 기초대사량을 늘려 살찌지 않는 체질로 만들어 주기 때문에 장기적으로 볼 때 체중감량에 효과적이라고 볼 수 있겠다.

운동 방법 유산소 운동과 무산소 운동은 모두 비만 조절에 효과가 있지만, 무산소 운동은 천천히 오래 운동을 할 경우 체지방질이 에너지로 사용되기도 전에 지치기 때문에 유산소 운동을 권한다. 그리고 스트레칭은 운동 전에는 근육을 유연하게 하며 부상을 예방하고, 운동 후에는 피로회복에 도움을 주기 때문에 운동 전 · 후에 반드시 실시해 준다. 운동 횟수는 일주일에 3~5일 정도가 좋으며 운동 시간은 30분에서 1시간이다. 그 이상의 장시간 운동은 식욕을 오히려 증가시키나 5시간을 넘어가면 피로가 쌓여 식욕은 감소하지만 건강을 해치기 쉽다.

(4) 행동수정요법

비만을 유발시켰던 것은 잘못된 습관에 의해서 일어난다. 그러므로 성공적인 비만치료를 위해서는 생활 방식에 대한 분석이 먼저 이루어진 다음에 비만과 관련된 식습관과 생활습관을 수정하는 것이다.

식습관 개선

- 중간에 쉬어가면서 천천히 먹는다.
- 먹는 동안 TV, 책읽기 등 다른 일을 하면서 먹지 않는다.
- 음식 먹는 장소를 한 곳으로 정한다.
- 남기는 습관을 들인다.
- 식사계획에 따라 먹는다.
- 한 끼에 몰아서 식사를 하지 않는다.

- 주로 작은 식기를 사용한다.
- 음식은 눈앞에 두지 않는다.
- 음식을 먹고 난 후에는 식탁에서 바로 일어난다.

생활습관의 개선

일과 중

- 많이 걷고 많이 움직인다.
- 계단을 이용한다.
- 활동량을 재어서 활동량을 늘린다.

시장볼 때

- 메모를 하여 필요한 것만 사고, 필요한 금액만 가져간다.

모임 회식

- 모임에 가기 전에 무엇을 먹을지 계획을 세운다.
- 모임에는 너무 배고픈 시간에는 가지 않는다.
- 자연스럽게 적게 먹는 세련된 방법을 강구한다.

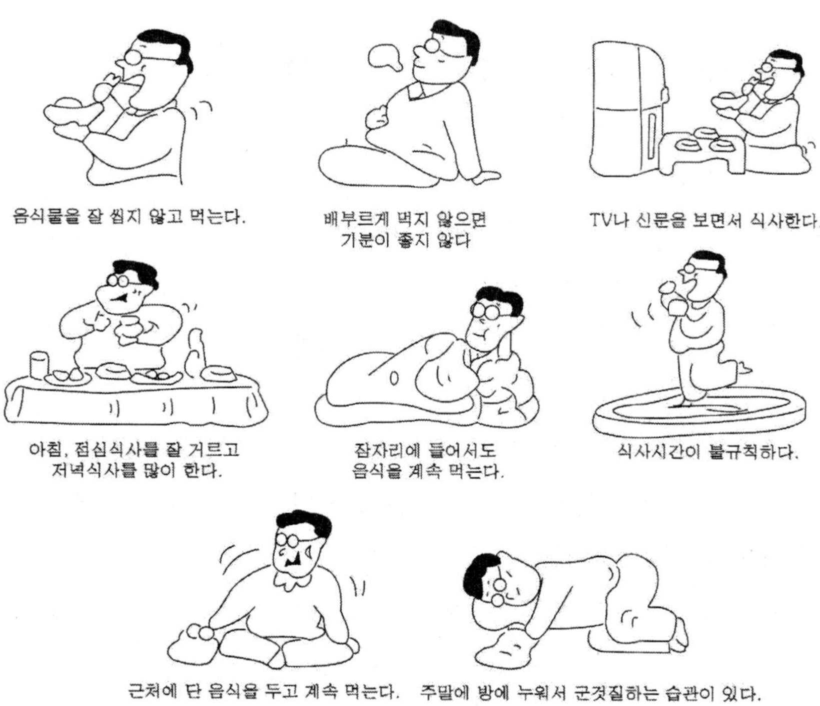

그림 5-4 비만을 초래하는 식습관

운 동

- 가벼운 운동부터 점진적이고 규칙적으로 운동한다.
- 매일 운동한 종목, 시간을 기록한다.

영양교육

- 음식의 열량가, 올바른 영양지식을 익힌다.
- 식사일지를 가능한 자세히 기록한다.(시간, 장소, 음식의 종류, 섭취량, 누구와 함께)

행동수정요법을 통한 비만 치료의 중도포기율은 20~50% 정도로 낮은 편이고 감소된 체중을 장기간 유지하는데 있어서도 효과적인 것으로 나타났다. 따라서 행동수정요법 치료는 저열량 균형식의 식사요법 그리고 운동요법과 같은 다른 치료법들과 함께 사용할 때 더욱 성공적인 결과를 나타낼 것이다.

4. 섭식장애

1) 섭식장애의 유형과 원인

(1) 섭식장애의 유형

식사행동, 체중, 체형에 대하여 이상심리 증상을 보이는 섭식장애 유형은 아래와 같이 세 가지 유형으로 나누어지며, 이들의 특징과 치료법의 차이는 표 5-5에서 그리고 식습관에 대한 차이점과 공통점은 표 5-6에 나타내었다.

- 일주일에 1, 2회 숨어서 마구 먹는 신경성 폭식장애(폭식증)
- 식사를 참았다가 폭식한 뒤 구토를 하거나 설사제나 이뇨제 등을 복용하는 신경성 대식증(대식증)
- 다이어트로 체중을 15% 이상 줄이고 나서도 최소한의 음식은 먹지 않으려 하는 신경성 식욕부진증(거식증)

표 5-5. 섭식장애자의 특징과 치료방법 비교

형 태	폭식증	대식증	거식증
취약군	다이어트에 실패한 경험이 많은 비만인	성인 초기	사춘기 소녀
식습관	문제 발생 때마다 끊임없이 먹음	폭식과 장 비우기를 교대로 반복	성공적 다이어트의 자부심을 느껴 극도로 쇠잔해짐
현실지각과 원 인	자신을 통제할 수 없다고 포기함	자신의 행동이 비정상적임을 인정하고 폭식과 장 비우기를 비밀리에 행함	자신이 비만하다고 왜곡되게 믿고 자신의 행동이 비정상적임을 인정하지 않음
치료법	생리적으로 배고플 때만 먹도록 학습시킴	영양교육과 함께 자신을 인정하도록 하는 정신과 치료	식사량을 증가시켜 우선 기초대사량을 유지할 수 있는 체중을 회복한 후 문제의 원인을 찾도록 정신과 치료

표 5-6. 섭식장애자의 식습관에 대한 차이점과 공통점

특 징	정 상	신경성식욕 부 진 증	신경성 대식증	잠재적 비만	비 만
체 중	정상	저체중 (정상체중의 20% 미만)	다양	정상-비만	과체중 (정상체중의 20% 이상)
체중에 대한 관심	중간	현저히 높음	현저히 높음	높음	높음
식습관 조절능력	상황에 따름	현저히 높음	현저히 낮음	현저히 낮음	현저히 낮음
신체상 왜곡	없음	있음	있음	없음	없음
비정상적인 행동 (먹고 싶은 충동, 설사, 구토)	흔치 않음	간헐적	특징적	간혹	간혹
체중조절방법	다양	극심한 단식	보상행동	잦은 식사제한	잦은 식사제한
식사 후 불안	없음	있음	있음	없음	없음
정신병리 유무	없음	심함	중등도-심함	정상-중등도	정상-중등도

(2) 섭식장애의 원인

개인적 요인과 가족내 요인, 사회·문화적 요인 등이 상호작용을 일으킨 결과라고 할 수 있다. 그리고 섭식장애에서 나타나는 독특한 행동들은 그들의 감정적 고통, 갈등, 낮은 자존감, 우울, 그리고 스트레스와 외상의 경험들을 극복하려는 하나의 방법들로 이해하는 것이 바람직하다. 그러므로 다음의 위험요인들이 있는지를 잘 살펴보아야 한다.

- 날씬함을 강조하는 외모지상주의 문화
- 왜곡된 신체상
- 완벽주의 경향
- 다이어트의 실패
- 직업적 필요성에 의한 자의적 식사조절(모델, 가수, 경마기수 등)
- 심한 스트레스에 의한 식사제한
- 생활에 있어서 곤란한 일을 적절하게 대처할 수 있는 기술의 부족
- 생활의 변화에 예민한 경우
- 가족들과 헤어지는 것에 지나치게 예민한 경우
- 가족 구성원의 죽음이나 어머니와의 갈등, 편모나 편부, 부모의 이혼
- 외상의 경험

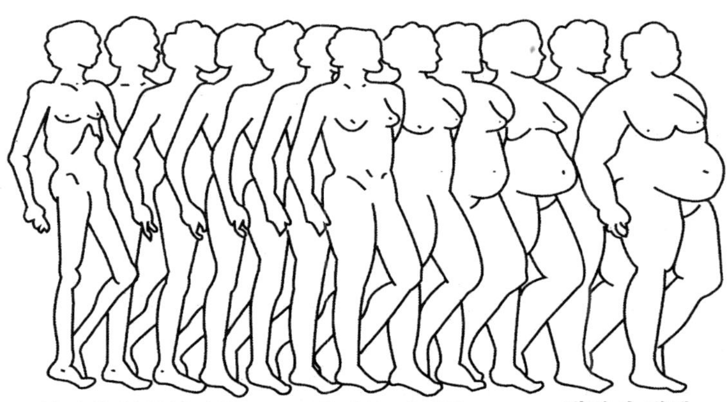

그림 5-5. 청소년기의 섭식장애 스펙트럼

2) 신경성 폭식증

(1) 특징

폭식증은 거식증이나 대식증보다는 훨씬 흔한 섭식장애로서 주로 여러 번 살빼기를 시도했으나 실패한 경험이 있는 사람들에게서 자주 일어난다. 전형적으로 사춘기 말이나 20대 초기에 단식이나 다이어트에 의해 상당한 체중감소가 있는 직후에 흔히 나타난다. 폭식증은 임상적으로 2가지 형태가 있는데 첫째는 과식증(Binge Eating Syndrome)으로 평소에는 다이어트로 거의 안 먹다시피 하거나 아주 적게 먹고 지내다가 음식을 먹게 되면 짧은 시간 내에 아주 많은 량 먹게 되는 것을 말한다. 둘째는 야식증(Night Eating Syndrome)으로 밤에 특히 많이 먹는 형태를 말하는데, 오후 7시 이후에 하루 식사량의 절반 이상을 먹는 경우가 이에 해당된다. 이 증세가 심해지면 먹고 토하는 대식증으로 진전되며 증상이 심해지면 우울증과 같은 기분장애 증상과 충동적 자세를 보인다.

폭식증과 대식증이 다른 점은 폭식증은 과식 후에 인위적으로 장을 비우는 행위를 하지 않는다는 점과 비만인 사람에게서 더 자주 발견된다는 점이다. 이 장애는 자신의 감정을 적당한 방법으로 표현하고 감당하지 못하는 사람들에게서 주로 나타나는데, 이들은 문제가 생기면 그것을 극복하지 못하고 음식에 눈을 돌리게 된다.

(2) 증상

- 폭식은 적어도 평균 6개월간 1주일에 2일 이상 하는 경우
- 한 가지 다이어트 방법에서 다른 다이어트 방법으로 계속 옮기는 것
- 체중이 많이 나가는데도 남들 앞에서 적게 먹는 것
- 자신의 체형에 대해서 굉장히 불만족 하는 것

(3) 치료법

근심 걱정이 있을 때 그 저변에 깔린 자기 자신의 감정을 인식하도록 도와주고, 그것을 다른 사람들과 나누도록 격려해 줄 필요가 있다. 음식에 대한 통제는 욕구불만을 더 많이 일으키므로 피해야 하고 생리적으로 배고플 때만 먹도록 하는 학습이 치료에 중요하다.

3) 신경성 대식증

(1) 특징

3,000~10,000kcal 정도로 칼로리는 높지만 영양가가 낮은 당질이나 지방이 많이 함유된 음식을 불과 15분 정도의 단시간 내에 복통과 구토가 날 때까지 먹어 치운다. 그런 폭식 다음에 살이 찌는 것이 두려워 극심한 운동을 하거나 토하고 금식을 하기도 하며 50~100알의 하제를 사용해 설사를 하고, 그 후에는 스스로 죄책감을 느끼고 수치스러워 하며 우울해 하고 다른 사람에게 이러한 양상을 숨기면서 또 다시 반복하게 된다. 겉으로 볼 때 정상체중이나 오히려 체중이 증가되는 경우도 있으며, 주로 10대와 20대 초반의 여성에게 흔하게 일어나며 지속적이며 오랜 기간을 거쳐 증상이 좋아졌다 나빠졌다를 반복한다.

대식증은 거식증보다는 예후가 좋은 편이나 거식증으로 이환되기도 하며 예후는 하제의 오용으로 인한 합병증의 심각성에 달려 있고 지나친 구토로 인해 탈수와 전해질 불균형으로 사망하기도 한다. 환자 대부분은 체중이 정상임에도 불구하고 자신의 체중이나 체형에 불만을 갖고 있거나 다른 사람이 자신을 어떻게 생각하는지, 자신의 성적 매력이 어느 정도 인지에 너무 지나치게 집착하는 사람, 어린 시절 흙이나 벌레 등 음식이 아닌 것을 먹는 '이식증'이 있던 사람들이 대식증에 잘 걸리며 다이어트를 하는 사람들에게서도 아주 흔히 볼 수 있는 증상이다.

(2) 증상

- 자주 순식간에 매우 많은 양의 음식을 먹는다.
- 폭식습관이 있다는 것을 알면서도 그것을 조절하지 못하여 괴로워한다.
- 다른 사람에게는 다이어트 중이라고 말하지만 여전히 체중이 많이 나간다.
- 스스로 구토하고 하제를 사용한다.
- 체중증가를 막기 위해 심한 다이어트와 절식, 심한 운동을 한다.
- 자신의 기분이나 자신에 대한 평가가 날씬함에 좌우된다.
- 과체중 또는 비만으로 인해 사회적·육체적 활동이 위축되어 있다.
- 체중과 체형이 자신의 이미지를 결정하는데 제 1 요소라고 생각하며, 체중문제가 생활의 주된 관심사가 되고 있다.
- 자주 피로한 증상을 보인다.
- 우울해 하고 비관적인 증상을 가진다.
- 뺨의 침샘이 부어 얼굴이 동그랗게 변한다.
- 이를 자주 닦아도 충치가 생긴다.
- 몸무게가 5~8kg 범위 내에서 자주 변한다.
- 목이 아프다거나 근육통을 호소한다.
- 폭식이 적어도 평균 6개월간 1주일에 2일 이상 있다.
- 한 가지 다이어트 방법에서 다른 다이어트 방법으로 계속 옮겨 간다.

(3) 치료법

초기에 치료하면 문제가 없겠지만 그 기간이 길어질수록 정신적·신체적 손상이 남게 된다. 그러므로 개인정신치료, 가족치료, 약물치료 및 영양교육을 포함하는 종합적인 치료계획이 필요하며 잦은 구토로 인해 신체적 위험이 예상되면 입원치료를 요하기도 한다. 증상의 정도와 관계없이 만약에 치료가 요구되는 수준이라면 엄격한 관찰과 행동치료가 적용되어져야 한다. 자신이 느끼고 있는 죄책감이나 부끄러움, 자신의 자제력 상실과 관련된 느낌과 행동을 숨김없이 치료진에게 이야기 할 수 있어야 하며 치료팀과 협력해 나가는 것이 중요하다. 그리고 영양관리의 궁극적 목표인 정상적인 식사형태의 회복과 치료초기의 폭식을 통제시켜야 한다.

4) 신경성 거식증

(1) 특징

기아상태에 이를 정도로 체중의 감소가 심하고 실제로 배고픔을 느낌에도 불구하고 먹는 행위 자체를 혐오하는 등 여러 가지 이유를 들어 음식섭취를 거부하여 정상체중의 15% 이하로 감소하기도 한다. 처음 시작은 정상적인 다이어트로부터 시작하는 경우가 많으며, 주로 10대와 20대 초반 여성에게서 흔하게 발병한다. 특히 17세 전후 사춘기에 많이 나타나는데 증세는 굶은 상태에서도 운동과 학교 공부에 심하게 에너지를 소모하며, 불안감으로 인간관계를 피하기도 한다. 먹는 것은 몹시 싫어하는 한편 음식을 만드는 일에 몰두하기도 하며 다양한 음식의 칼로리 양을 기억하기도 한다. 때로는 몰래 게걸스럽게 먹었다가 일부러 토해 내거나 설사약이나 이뇨제를 복용해서 배설하는 제거 행동을 보이기도 한다. 그리고 거식증 환자는 보통 정서적으로 불안하고 공격적이며 비판적이고 우울증상을 나타내기도 한다. 거식증 환자가 대식증 환자와 다른 점은 자신의 비정상적인 식사형태를 강하게 부정하면서 자신은 정상적이라고 생각한다는 점이다.

(2) 증상

- 짧은 기간 동안 완벽한 체중 감소가 있었으면서도 체중증가에 대한 극심한 공포와 걱정을 한다.
- 음식에 대한 집착으로 음식잡지를 계속 구독하거나 요리를 취미로 한다.
- 지나치게 빼빼한데도 자신은 뚱뚱하다고 생각하고 새 감량목표를 설정한다.
- 지나친 운동을 한다.

- 음식을 매우 적게 먹는데도 배가 고프지 않다.
- 식사에 대한 강박감을 갖고 있어서 음식을 너무 오래 씹는다든지 아주 작은 조각으로 잘게 잘라 오래 먹는다.
- 자신이 불행하다고 생각하며 불안과 우울증상이 동반된다.
- 여성의 경우, 월경주기가 불규칙하거나 3달 동안 무월경 상태가 된다.
- 남성의 경우 성욕이 감퇴된다.
- 늘 소화가 안 되고 속이 더부룩하다고 한다.
- 어린아이처럼 행동하기도 하고 고집이 세다.
- 학업성적을 올리려고 지나치게 노력한다.
- 머리카락이 빠지고 체온이 내려간다.
- 이뇨제와 하제의 복용과 어떤 경우에는 스스로 구토하는 등의 행동을 한다.

(3) 치료법

입원을 시켜서 개인과 가족을 중심으로 정신치료, 행동치료, 약물치료, 영양관리 치료 등을 포함한 종합적인 치료계획이 필요하다. 치료의 첫째 목적은 체중증가와 영양의 균형회복에 있으며, 거식증 환자들은 치료에는 전혀 관심이 없으므로 적절한 치료를 받는데 있어서 가족들의 도움이 필수적이다.

잘못 알고 있는 상식에 대하여 알아봅시다

나는 정상적인 체중 보다 많이 나가는 편이므로 섭식장애 일리가 없다.

섭식장애로 고통 받고 있는 환자들은 체중이 많이 나갈 수도 있고 적게 나갈 수도 있으며 정상일 수도 있다. 섭식장애의 문제는 몸무게 변화가 아니라 잘못된 식습관이 문제이다.

나는 세끼를 다 먹고 일부러 구토를 하거나 하제를 사용하지도 않는다. 내가 어떻게 섭식장애일 수 있는가?

식사를 안 하고, 폭식을 하고, 하제를 남용하는 것만이 섭식장애라고 말할 수는 없다. 만약 먹는 음식이 야채나 샐러드, 요구르트 등의 저칼로리와 저지방의 음식만 먹거나 하루에 섭취하는 총 칼로리의 양이 정상보다 아주 적은 경우도 섭식장애로 볼 수 있다.

우리 가족/친구는 내가 보기에는 잘 먹는 것 같다. 그러므로 그녀는 섭식장애가 아닐 것이다...

거식이나 대식증, 강박적 폭식장애가 있는 사람은 우리가 볼 때에는 잘 먹는 것처럼 보일 때가 많다. 그런 다음 어쩌면 우리와 함께 있을 때 먹은 것을 보상하기 위해서 굶거나, 토하거나 하제를 섭취할 수 있기 때문이다.

내가 이런 것 때문에 죽기까지야 할까...

거식증이나 대식증, 강박적 과식증으로 충분히 목숨을 잃을 수도 있다. 섭식장애는 어느 다른 정신질환보다 높은 사망률을 보인다. 약 30%의 섭식장애 환자가 합병증으로 목숨을 잃고 있으므로 반드시 섭식장애와 관련된 신체적 질환이나 위험에 대하여 숙지하여야 한다.

제 6 장 당뇨병과 영양

경제성장과 생활양식의 변화로 평균수명의 증가와 함께 한국인의 질병양상에 많은 변화를 가져왔다. 그 중 비만에 의한 당뇨병 환자수가 해마다 증가되고 있으며 앞으로 전 인구의 10% 정도가 당뇨병 환자가 될 수 있다는 비관적인 견해도 있다. 당뇨병은 식사를 통하여 섭취된 포도당이 간이나 근육 또는 지방세포 등에서 적절하게 이용과 저장되지 못하고 혈액 중에 축적되며, 이때 과다하게 증가된 혈당이 신장의 신사구체를 손상시켜서 당이 그대로 소변으로 배설된다. 그 원인으로는 인슐린의 절대적 또는 상대적 결핍에 기인되며 궁극적으로는 체내 탄수화물, 지질과 단백질 등 전반적인 영양소대사 장애와 혈관계 손상이 만성화됨에 따른 여러 가지 합병증이 생기게 되어 결국 사망하게 된다. 따라서 이 장에서는 당뇨병을 예방하기 위해서 지켜야 할 원칙과 정상수준의 혈당을 조절하는 방법과 함께 혈관계 합병증을 예방 또는 치료할 수 있는 포괄적인 관리대책에 대하여 알아보자.

1. 당뇨병이란?

당뇨병은 우리 몸에서 에너지원인 포도당이 적절하게 이용되지 못하여 혈액 중에서 포도당의 농도가 지나치게 높아지게 되면서 소변으로 빠져 나오게 된다. 따라서 신체의 세포들은 에너지 결핍상태가 되면서 전신무력 상태에 빠지게 된다. 그러나 그림 6-1에서 처럼 정상적으로는 혈액에 있는 높은 농도의 포도당은 췌장에서 분비되는 인슐린이라는 호르몬에 의해서 세포내로 이동되어 사용되거나 간과 근육에 글리코겐(glycogen)형태나 지방조직에 중성지방(TG) 형태로 저장된다. 그 반대로 혈액에 포도당의 농도가 떨어지면 췌장내 글루카곤이라는 호르몬에 의해서 간이나 근육에 저장된 글리코겐 분해로 포도당이 만들어져 혈당을 높이게 된다. 정상적인 사람의 혈당은 공복 상태에서는 70~100 mg/dℓ로 유지되며 식사 후에는 혈당량이 서서히 상승하여 30분 내지 1시간 후에 최대치에 도달하였다가 식후 2시간 후에는 정상으로 내려온다.

2. 당뇨병의 종류

당뇨병은 크게 제 1형 당뇨병(Insulin-Dependent Diabetes Mellitus, IDDM, 인슐린 의존형)과 제 2형 당뇨병 (Noninsulin-Dependent Diabetes Mellitus, NIDDM, 인슐린 비의존형)으로 나누며, 각각의 특징은 표 6-1과 같다.

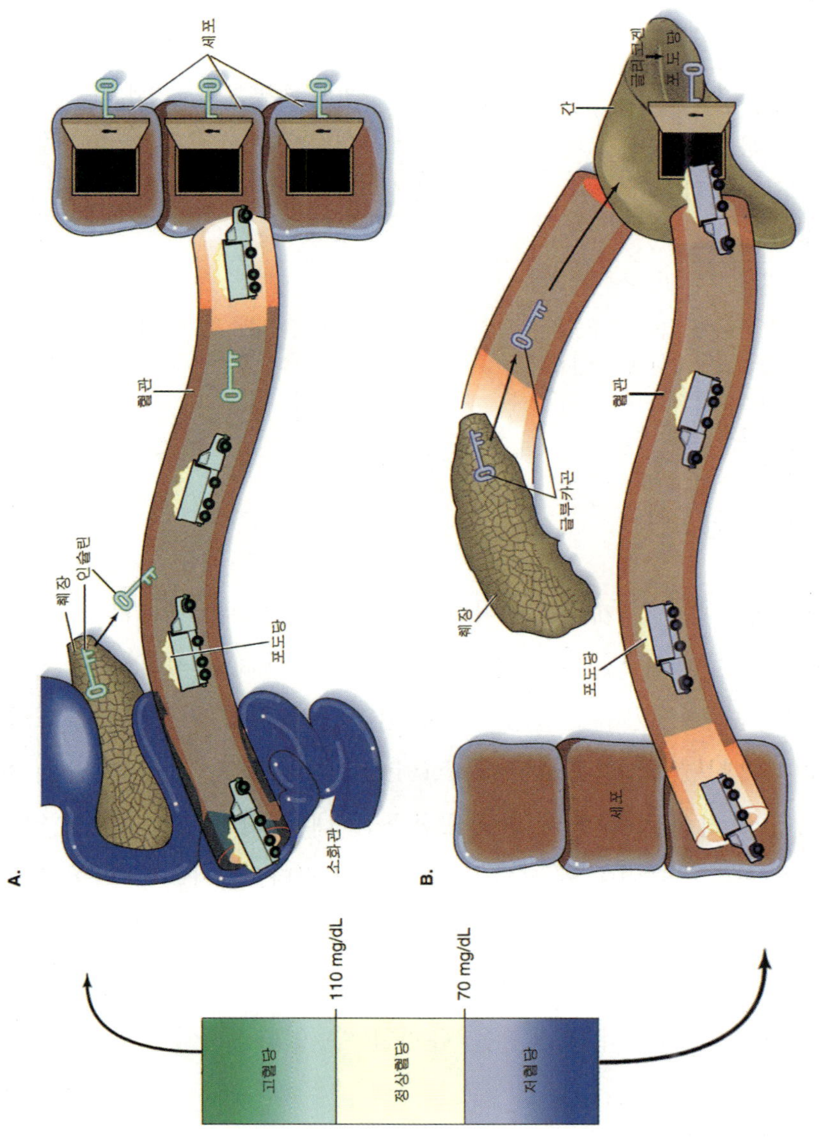

그림 6-1. 고혈당일 경우(A)와 저혈당일 경우(B) 혈당조절

표 6-1. 당뇨병의 분류 및 특징

구 분	제 1형 당뇨병	제 2 형 당뇨병
발생원인	유전적 소인 바이러스에 의한 β세포 파괴 바이러스에 의한 자가면역반응	β세포 결핍(노화에 의한 숫자와 기능감소) 인슐린 저항성(중년기 이후의 비만형 당뇨병)
발병연령	주로 유년기에 발생	주로 성인기에 발생
증세발생	갑자기 발생	서서히 발생
체 형	정상 또는 마른체형	비만
증 상	인슐린 요법이 필요하다. 경구혈당강하제가 필요 없다. 케톤증이 발생하기 쉽다. 치료가 힘들다.	인슐린 요법이 필요한 것은 아니다. 식사요법 또는 경구혈당강하제가 필요하다. 케톤증이 드물다. 치료가 가능하다.

1) 제 1형 당뇨병

제 1형 당뇨병은 대개 20세 이하의 어린 연령층에서 나타나므로 유전성인 것으로 보고 있으며, 원인은 정확히 밝혀져 있지 않으나 인슐린의 생성 부족에 인하여 발병하므로 인슐린 의존형 당뇨병이라도 한다. 그러나 대부분의 경우 바이러스(virus)감염 등의 환경 인자와 유전적 소인에 의해서 췌장의 랑게르한스섬 내 베타세포의 자가면역성 파괴로 인하여 인슐린이 분비되지 않아 발병된다. 환자는 비만이 되기보다 체중미달 현상이 흔하게 나타나고 발병 후 진행속도가 빠르게 일어난다. 식이요법과 운동요법만으로는 절대 치유 될 수 없고, 인슐린을 투여해야 만 정상적인 생활을 유지할 수 있다.

2) 제 2형 당뇨병

나이가 들어감에 따라 운동 부족과 체중증가 그리고 스트레스가 주요 원인으로 식사 후 인슐린을 서서히 분비하거나 신체 말초조직 세포에서 인슐린 작용에 대한 저항성의 증대로 발병된다. 당뇨병 환자의 90%를 차지하며 흔히 40세 이후의 비만 성인에게서 발생하지만 소아연령에서도 발생 할 수 있다. 제 1형 당뇨병에 비해서 병의 진행 속도가 서서히 진행되고 혈당량의 변화가 적기 때문에 케톤증에 걸릴 확률이 적고 식이조절을 잘 하면 인슐린을 투여하지 않아도 된다. 이 당뇨병은 인슐린 주사 없이 식사요법과 운동요법으로 체중을 줄이면 50~80%는 치유가 될 수 있어서 인슐린 비의존형 당뇨병이라 부른다.

3) 임신성 당뇨병

임신 중에 발병하였다가 출산 후에는 없어지는 당뇨병이다. 우리나라 경우 전체 임신부의 약 30%가 임신성 당뇨병을 앓고 있으며 이들은 거대아 및 기형아를 출산할 가능성이 높고 잘못 관리하면 사산(stillbirth) 또는 출산 후 곧 사망하는 경우가 많다. 주로 당뇨병을 앓는 가족력이 있거나 거대아기나 기형아를 출산한 경험이 있고 비만 또는 고혈압이 있는 사람, 임신 중 지나친 양수, 요당(glycosuria)이 높은 사람에게 걸릴 확률이 높다. 그러나 출산 후 대부분 없어지거나 이들 임산부 중 30~40%는 5~10년 후에 성인형 당뇨병에 걸리는 경우가 있으므로 주의를 요한다.

3. 당뇨병의 증상 및 진단

1) 당뇨병 증상과 합병증

일반적인 당뇨병의 증상은 그림 6-2에서 처럼 다식, 다뇨, 다갈 즉 음식을 많이 먹고 화장실에 자주 가며, 극심한 갈증이 오게 되지만 당뇨병 초기에는 몹시 피곤하고 눈이 흐리며 시력이 떨어지고 피부가 가려우면서 무좀 곰팡이의 감염이 쉽게 되는 증세가 온다. 이런 증세가 자주 있다면 곧 당뇨병 검사를 실시해 보는 것이 좋다. 또한 당뇨병이 5~10년 동안 진행된 다음에는 체내 지질대사가 변화되어 백내장과 신장기능 이상이나 동맥경화, 뇌경색, 협심증 등 대혈관 합병증과 미세혈관 합병증이 발생된다(그림 6-3).

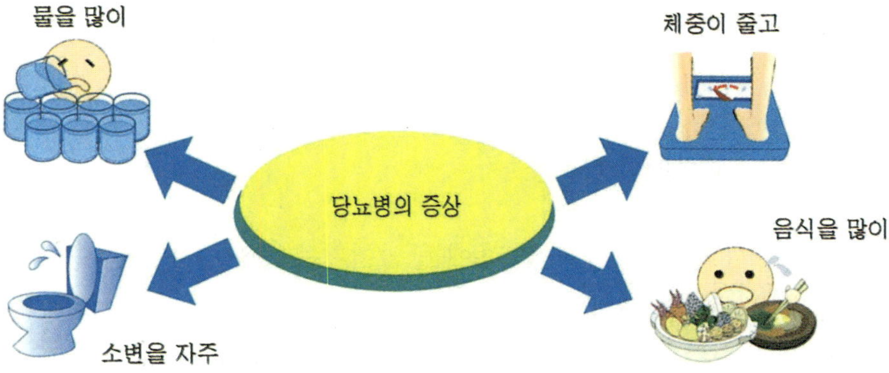

그림 6-2. 당뇨병의 일반적인 증상

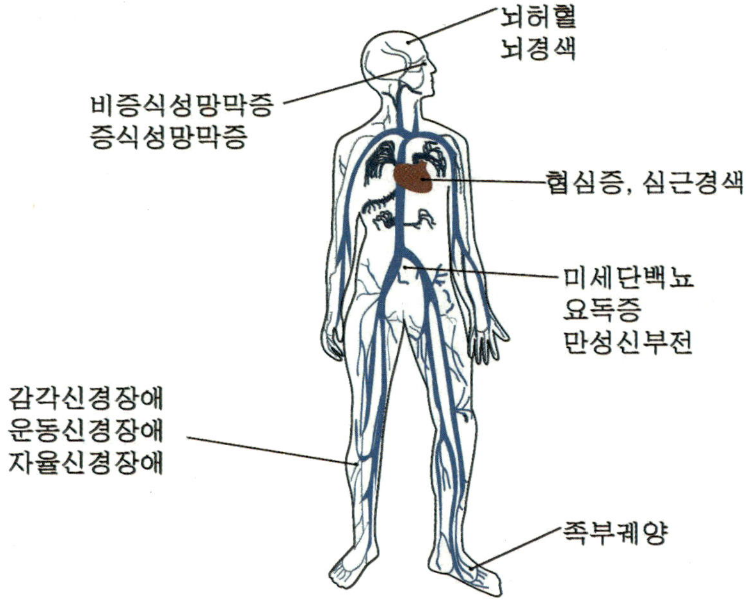

그림 6-3. 당뇨병의 합병증

2) 당뇨병의 진단 방법

(1) 요당 검사

약국에서 뇨당 검사지를 구입하여 소변에 적시어 볼 때 본래의 색깔이 그대로 있으면 건강하며 색깔이 변하게 되면 당뇨병이 있다고 진단 할 수 있다. 당뇨병이 경미한 사람은 공복에 검사했을 때 색깔이 변하지 않을 수도 있으니 두 번 이상 해 보거나 될 수 있으면 식후 3 시간쯤 지난 후 검사하는 것이 비교적 정확하다고 볼 수 있다. 요당측정은 가장 간단하고 신속한 검사방법이지만 정확하지 않다. 신성, 식사성, 신경성으로도 뇨당이 검출되기 때문에 요에 당이 나온다고 모두 당뇨병은 아니다. 또한 혈당이 180mg/dℓ 이상인 경우에만 소변에 당이 나오므로 초기의 심하지 않은 당뇨병 환자는 판정되지 않는 수도 있다. 또한 소변 검사지가 오래되었거나 공기나 열에 많이 노출되었던 시험지라면 정확성이 적다.

(2) 혈당검사

당뇨병 환자의 경우 공복시에도 혈당이 올라가 올라가게 되므로 공복시의 혈당을 측정하게 된다. 혈장농도를 이용한 당뇨병 검사는 검사 전날 저녁식사 이후부터 다음 날 검사 전까지 보통 12~18시간 금식한 후 검사한다. 정상인은 공복시 혈당량이 70~110mg/dℓ이지만 당뇨병의 경우 140~300mg/dℓ 이상이다. 혈당측정을 통한 당뇨병 진단기준 설정은 다소 차이가 있으나, WHO의 개정기준과 미국당뇨병학회에서 발표한 기준은 표 6-2와 같다.

표 6-2. 혈당측정을 통한 당뇨병 진단기준

정상혈당	70≤공복혈당 〈110mg/dL, 당부하 후 2시간 혈당 〈140mg/dL
당뇨병	다음 항목 중 1개 이상이 다른 날 2회 나타날 때 · 공복혈당(8시간 공복)≥126mg/dL · 당뇨증상(다음, 다뇨, 체중감소)+보통혈당≥200mgdL · 당부하 후 2시간 혈당≥200mg/dL
당뇨병 위험군	· 공복혈당장애(IFG) : 110mg/dL≤공복혈당 〈126mg/dL · 내당능장애(IGT) : 공복혈당 〈140mg/dL 당부하 후 2시간 혈당 : 140mg/dL 이상~200mg/dL미만

자료 : 혈당측정을 통한 당뇨병 진단기준. WHO(1985). 미국당뇨병학회(1997).

3) 당뇨병의 선별검사

당뇨병을 예방하기 위해서는 당뇨병의 위험이 있는 사람을 대상으로 선별검사를 실시하여서 조기진단을 하는 것이 가장 중요하다. 조기진단 대상자들은 아래와 같다.

45세 이상 성인 : ▪ 정상인 경우 3년 마다 검사

45세 미만 성인 : ▪ 표준체중의 120% 이상 비만
- 당뇨병의 가족력
- 거대아(4kg 이상)를 분만했거나 임신성 당뇨병의 과거력
- 고지혈증
- 고혈압
- 내당능 장애 과거력

4. 당뇨병의 원인

혈당을 적절히 조절해 주는 것은 췌장에서 생산되는 인슐린이라는 호르몬인데 이것이 부족하거나 작용에 이상이 있게 되면 당뇨병의 원인이 된다. 인슐린의 분비와 작용능력은 다음의 몇 가지 요인에 의해서 영향을 받게 된다.

유전적 요인 부모 중 한 명이 당뇨병이면 자녀 중의 약 25%가, 두 명 모두가 당뇨병이면 자녀 중의 50%가 성인형 당뇨병에 걸릴 확률을 가지게 된다고 한다. 그 원인은 제 1형 당뇨병의 경우에는 자가면역결핍에 관계된 유전인자가, 제 2형 당뇨병의 경우에는 인슐린 저항성에 관계되는 유전인자에 문제가 있는 것으로 밝혀지고 있다

연령과 성 40세 이후의 중년층과 노년층에서 당뇨병 발생률이 가장 높은 것으로 나타났으며, 구미 각국에서는 여자가 남자보다 유병률이 높은데 비해서 아시아에서는 남자의 유병률이 높다. 우리나라에서는 남자가 여자에 비해 3배가량 높은 유병률을 보이고 있다.

비만 성인형 당뇨병 환자의 60~90%가 당뇨병 발병 전 체중과다 현상을 나타내고 있다. 특히 복부에 지방이 많을 경우 지방가수분해 효소의 활성화로 유리지방산이 증가된다. 그 결과 혈중의 인슐린의 농도가 지나치게 높아지거나 조직의 인슐린 수용체 수의 상대적인 감소와 인슐린에 대한 감수성 저하를 보이므로 인슐린의 작용능력에 이상이 있게 된다.

운동부족 육체활동 부족은 비만증의 원인이 될 뿐만 아니라 인슐린 수용체의 감소를 유발시킴으로써 당뇨병을 유발시킨다.

정신적 스트레스 스트레스는 혈액 내의 당을 증가시키는 호르몬 분비를 자극시켜 당뇨병을 유발 내지 악화시킨다.

기타 췌장염 및 췌장암과 같은 췌장질환, 내분비선 질환 및 약물복용 등이 원인이 되어 당뇨병을 유발하기도 한다.

5. 당뇨병의 예방과 치료방법

당뇨병의 치료는 당뇨병 그 자체를 고치는 것이 아니라 당뇨병으로 인해 일어나는 대사이상을 정상상태로 조절하는 것이다. 따라서 당뇨병 치료의 제 1원칙은 식이요법이며 이외에도 운동요법, 약물요법 그리고 자가요법을 통하여 자기관리를 해 나가는 가장 중요하다.

1) 당뇨병의 예방

정상체중 유지　자신의 키에 적당한 평균 체중을 유지하는 일이 매우 중요하다. 체중이 많이 나가면 섭취량이 많아지게 되고 상대적으로 인슐린 분비가 증가되어야 하므로 췌장이 부담스럽게 많은 일을 해야 한다. 또 체내 포화지방산과 중성지질 그리고 콜레스테롤의 증가로 혈관계 질환의 주원인이 된다.

규칙적인 운동　규칙적인 운동은 근육과 골격을 튼튼하게 하며 심장과 폐기능을 활발하고 건강하게 해 준다. 이외에도 운동은 혈압 · 포도당 · 콜레스테롤 · 체중을 낮추어 주며 정신적인 스트레스를 해소시켜 준다.

균형된 음식　식사는 바로 에너지의 원동력이 되지만 사용되지 않는 칼로리는 지방으로 변해서 몸에 축척되므로 체중증가를 가져온다. 그러므로 탄수화물, 단백질, 지방을 잘 섞어 조화 있는 식단을 만들도록 노력해야 한다. 곡식종류(밥, 빵, 감자), 고기종류(고기, 생선, 두부, 달걀 등), 우유 종류, 과일, 야채 종류를 적당히 섞은 밸런스 음식을 선택하는 훈련이 필요하다.

정신적 안정　현대인은 옛날에 비교해 너무 바쁘게 산다. 정보화 시대에 뒤떨어지지 않기 위해 뛰어야 하지만 일할 때와 쉴 때를 구별해서 충분한 신체적 정신적 휴식이 필요하다. 친구들과 건전하게 모이는 일에서부터 가족이나 혼자 갖는 명상의 시간까지 모두 중요한 정신건강을 돕는 일이 될 것이다. 취미 생활에 많은 시간을 투자해 스트레스를 해소하는 일과 정신건강을 얻는 일이 성인병을 예방하는 또 하나의 중요한 요소가 될 수 있다.

2) 당뇨병의 치료방법

당뇨병 치료 목표는 다음과 같다.

- 혈당치를 정상에 가깝도록 조절
- 혈중에 중성지질과 콜레스테롤 수준을 조절
- 여러 가지 대사 장애와 이에 따른 합병증을 예방·지연
- 체중을 위한 열량공급
- 영양상태 유지

(1) 식사요법

식이요법은 당뇨병 환자의 치료방법 중에서 가장 중요한 부분이며 이것은 일생을 통해 지켜야 할 일이다. 그 중에서 중요한 일이 과체중이 되면 식사량이 늘어남에 따라서 인슐린 필요량이 증가하므로 정상체중을 유지하는 것이 중요하다. 하루 섭취량을 보면 1,500kcal에서 1,800 kcal를 섭취하게 되면 혈당은 매우 안정선을 유지할 수 있으며 식사는 1일 6회로 늘이는 것이 좋다. 그러나 당뇨병 환자치료의 목표를 이루기 위해서는 획일적인 계산화 된 처방보다는 개인의 활동량, 식습관, 경제적 능력 등의 생활환경과 병의 상태, 복용하는 약물의 종류나 투여, 복용시간 등에 기초한 개별화 된 식단으로 처방하여야 한다.

열량 최근 비만한 제 2형 당뇨병환자를 대상으로 체중감소의 효과를 살펴본 결과 체중의 5~10% 만 감량해도 만족할 만한 혈당 개선효과가 나타났으므로 적정체중을 유지할 수 있는 만큼의 열량을 섭취해야 한다.

탄수화물 전체 열량섭취량의 50~60% 정도를 섭취하는 것이 바람직하며 이때 어떤 종류의 탄수화물을 섭취하느냐가 더욱 더 중요하다. 그림 6-4에서 처럼 단순당보다는 복합당이 소화흡수 속도가 느리므로 혈당을 서서히 증가시키기 때문에 전곡류로 만든 빵이나 밥, 생과일과

채소, 콩류와 같은 복합당의 섭취가 바람직하다. 또한 과일에 많이 함유되어 있는 과당은 인슐린 없이도 대사가 이루어지기 때문에 당뇨병 환자의 주 공급식품이 된다. 여러 가지 식품별 혈당 지수가 유사한 것끼리 묶어서 나타내면 표 6-3과 같다.

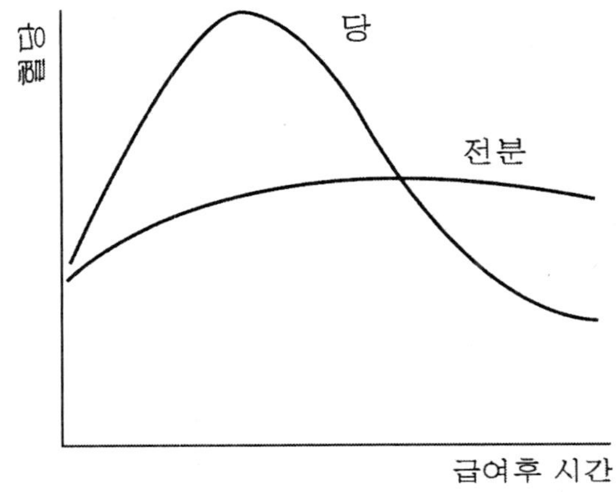

그림 6-4. 설탕과 전분이 혈당치에 미치는 영향

표 6-3. 포도당의 혈당지수를 100%로 보았을 때 유사한 혈당치를 나타내는 식품군

혈당지수	식 품
100%	포도당
80~90%	콘플레이크, 당근, 감자, 맥아당, 꿀
70~79%	빵(전곡), 조, 쌀(백미), 감자
60~69%	빵, 쌀(현미), 밀, 바나나, 건포도
50~59%	메밀, 스파게티, 스위트콘, 비스킷, 귀리 비스킷, 완두콩, 서당, 감자
40~49%	스파게티(전곡), 고구마, 건조 완두콩, 오렌지, 오렌지주스
30~39%	사과, 아이스크림, 우유(탈지), 우유, 요쿠르트, 토마토주스, 생당근
20~29%	강낭콩, 과당, 소시지
10~19%	콩, 통조림 콩, 땅콩

단백질 단백질은 전체 열량의 10~20% 정도를 섭취하는 것이 바람직하다. 질 좋은 동물성 단백질을 선택하여 면역 능력의 감소나 체단백

의 손실을 막아야 하겠다. 그러나 당뇨병성 신장질환이 있는 경우 고단백질의 섭취는 신장에 부담을 주어서 병세를 더 악화시킬 수도 있으므로 제한한다.

지질 지질은 전체 열량의 10~20% 정도를 섭취한다. 주로 포화지방산과 콜레스테롤이 많은 식품을 적게 먹고 불포화지방산이 많은 식물성 기름이나 등푸른 생선을 많이 섭취한다.

비타민과 무기질 정상인과 동일하게 권장되는데 하루에 1,200kcal 이하의 저열량식에서는 비타민의 충분한 섭취가 어려우므로 별도의 보충이 필요하다. 비타민 중에서 특히 비타민 C는 당뇨병환자의 백내장 및 신경증상을 예방하며 비타민 E는 동맥경화성 플라그 형성을 억제하는 효과가 있는 것으로 보고되고 있다. 또한 당뇨병이 진행되면 전해질 대사에 이상이 있으므로 주의해야 되는데, 고혈압, 동맥경화증, 신장염이 있어서 부종이 나타나면 나트륨(Na)의 섭취량을 줄인다.

식이섬유질 인슐린 요구량을 감소시키고 음식의 소화·흡수 속도를 늦추어서 혈당의 조절이 잘 되게 하고 혈중 콜레스테롤과 중성지방의 수준을 낮추며 체중감소와 만복감을 가져오기 때문에 권장하고 있다.

(2) 약물 요법

혈당조절을 위해서 혈당 강하제나 인슐린 주사와 같은 약물요법은 혈당을 조절하기 위한 당뇨병 관리 방법이기는 하지만, 식사나 운동요법을 대신할 수 있는 방법이 아니라 보조요법으로 이용된다. 그러므로 약물섭취와 동시에 식사요법이 반드시 동시에 균형적으로 이루어져야 한다.

당뇨병 환자가 약물요법시 한 가지 주의할 점은 인슐린의 투여유무와 투여량, 경구혈당강하제의 복용유무나 복용량 이외에도 식사시간과 섭취량이나 운동량의 과부족 등 여러 가지 요인이 상호관련이 되어서 고혈당과 저혈당에 의한 당뇨혼수 현상(diabetic coma)이 나타날 수 있다. 예를 들어 음식을 섭취한 후에 약물을 복용하지 않으면 지나치게 혈당이 증가하여 당의식장애를 일으키며 당뇨혼수가 나타난다. 호흡시 아세톤 냄새를 풍기고 간혹 사망에 이르기까지 하므로 이에 대비하여 당뇨병 환자는 항상 당뇨환자 증명서를 휴대하여야 하며 의식이 없는 경우에는 즉시 병원으로 옮겨 치료를 받아야 한다. 반대로 인슐린이나 경구혈당강하제를 과량 사용한 경우, 제시간에 식사를 하지 않은 경우, 심한 운동을 한 경우에는 혈당이 정상 이하로 떨어져 저혈당증(hypoglycemia insulin shock)이 나타난다. 이러한 상황에 대비하여 당뇨병 환자는 항상 캔디와 편리한 당분의 급원을 휴대하여야 한다. 만일 집에 있다면 설탕물이나 과일 주스를 마시게 하며, 혼수상태 일 때에는 아무것도 주지 말고 즉시 병원으로 옮겨 포도당액을 주사한다.

(3) 운동 요법

당뇨병이 있는 환자들에게 있어서 규칙적인 운동 특히 온몸을 움직여서 하는 유산소 운동은 대체로 좋은 효과를 나타내는 것으로 알려져 있다.

운동의 이점과 주의할 점 운동은 당뇨병 환자들에게 많은 장점을 주므로 필요한 치료요법이다.

- 인슐린 저항성 및 당내성의 호전
- 적절한 식사요법과 병행시 체중감소 및 이상 체중의 유지
- 심혈관계 질환의 위험인자의 개선효과
- 인슐린 또는 경구혈당강하제의 용량 또는 요구량 감소
- 신체적 적합성, 운동능력, 노동력의 향상
- 삶의 질 향상, 건강에 대한 자신감 증진

그러나 운동을 시작할 때에는 몇 가지 주의할 점이 있다. 혈중 케톤체가 많이 나타나는 경우와 너무 덥거나 추운 환경에서는 운동을 피하도록 하고 혈당조절이 잘 안되는 기간에도 운동을 삼가도록 한다. 그리고 만일 운동 전 혈당이 300mg/dℓ 이상이면 운동을 연기하는 것이 좋고, 운동 전 혈당치가 100mg/dℓ 이하일 경우 운동 전에 약간의 간식을 먹고 하는 것이 저혈당을 막을 수가 있다. 운동 전·후에 저혈당 증세나 당뇨병성 만성합병증의 악화 등 위험성도 있으므로 당뇨병이 있는 환자들이 규칙적인 운동을 시작하기 전에 반드시 당뇨병 전문의를 찾아 검진을 받은 후

에 적절한 운동을 시작해야 한다. 대부분 당뇨병의 합병증은 운동에 의하여 악화될 수 있으므로 합병증이 발견되면 그 합병증을 악화시킬 위험성이 없는 운동을 선택해야 한다.

운동하고 난 후에도 반드시 발을 살펴보아서 절개부위가 있는지 물집이나 세균감염의 흔적이 있는지 등을 염두에 두고 매일 한 번씩 관찰하는 것을 잊지 말아야 한다. 그대로 놔둘 경우 발이 썩어 들어가는 괴저병이 생기며 심한 경우에는 발을 절단하여야 한다.

운동의 선택 특별한 금기사항이 없다면 환자 개인의 기호에 따라 운동종류를 선택할 수 있지만 일반적으로 20분 이상 지속할 수 있는 너무 약하지 않은 강도의 유산소성 운동을 아침·저녁으로 하루 2번 하는 것도 좋다. 예를 들어 빨리 걷기, 조깅, 수영, 자전거타기, 계단오르기 등이 여기에 해당되며 무거운 중량들기와 같은 운동은 혈압을 악화시키거나 근육, 뼈 등에 손상을 입힐 위험이 높기 때문에 피하는 것이 좋다. 운동시간은 가급적 식사 후 1~2시간이 지난 뒤 실시하는 것이 좋으며, 하루 운동시간은 40~60분 정도면 충분하다. 그리고 당뇨인들에게 알맞은 운동강도는 최대심박수의 60~75% 정도이다.

제 7 장 심혈관계질환과 영양

한국인의 사망원인 중에서 제 1위인 심혈관계 질환의 근본적 원인인 고혈압은 우리나라 전 국민의 20% 정도를 차지하고 있을 만큼 가장 흔하면서도 관리가 잘 안 되는 것 중에 하나이다. 혈압이 높아지는 병을 총칭하여 고혈압증(high blood pressure 또는 hypertension)이라 하며 하나의 질병이라기보다는 일종의 증상인 경우를 말한다. 고혈압의 별명이 '침묵의 살인자'라고 불릴 만큼 스스로 느낄 수 있는 증상이 별로 없으나 합병증은 매우 심각하여 죽음의 원인이 되기도 한다. 특히 고혈압에 의해서 높아진 압력을 지탱하기 위해 혈관벽이 두꺼워져 동맥경화증을 초래하기도 한다. 이환기간이 길어지면서 심장 마비나 뇌졸중(중풍)과 같은 심각한 심장순환계 질환과 신장질환을 일으키므로 정상 혈압을 유지하는 것은 성인기 이후의 건강유지에 매우 중요한 역할을 한다. 그러기 위해서는 무엇보다도 젊은 시절부터 평소 바른 식습관과 생활습관이 필요하므로 이 장에서는 심혈관계 질환의 시발점인 고혈압과 동맥경화증 예방과 치료방법에 대하여 살펴보겠다.

1. 고혈압

혈압(blood pressure)이란 동맥혈관 벽에서 혈액이 흐르면서 혈관벽에 가하는 압력을 말하는 것으로 심장이 수축하여 대동맥으로 혈액을 내보낼 때의 압력을 수축기 혈압(systolic blood pressure, 최고혈압)이라 하며 심장이 이완하여 정맥에서 혈액을 받아들일 때의 압력을 이완기 혈압(diastolic blood pressure, 최저혈압)이라 한다. 이 혈압은 심장에서 밀어내는 혈액량이 많을수록 동맥의 직경이 작을수록 올라간다. 성인의 경우 평균 동맥압은 수축기 혈압(최고 혈압)/이완기 혈압(최저 혈압)이 120mmHg/80mmHg이며, 일반적으로 고혈압이라고 하면 세계보건기구에서 정한 기준에 의하여 혈압상태를 3단계로 규정하고 있다.

표 7-1. 정상혈압 및 고혈압

구 분		최고(수축기)혈압 mmHg	최저(확장기)혈압 mmHg
정상혈압	적정(optimal)	<120	<80
	정상(normal)	<130	<85
	높은정상 (high~normal)	130~139	85~89
고혈압	1기(stage 1)	140~159	90~99
	2기(stage 2)	160~179	100~109
	3기(stage 3)	≥180	≥110

1) 고혈압의 원인

나이가 들면서 심박출량이 많아지고 혈관벽이 점차 좁아지면서 혈압이 올라가는데 우리나라 성인 5명 중 1명이 고혈압을 앓고 있다. 고혈압은 본태성(일차성) 고혈압과 속발성(이차성) 고혈압이 있으며 본태성 고혈압이란 아직 정확한 원인이 밝혀지지 않았지만 다른 질병과는 상관이 없이 주로 유전적 소인, 잘못된 식습관과 운동부족, 스트레스 등에 원인이 있다. 전체 고혈압환자의 90%를 차지함에 따라 주로 문제가 되는 고혈압 형태이다. 속발성 고혈압은 특수한 원인이 있는데, 주로 신장기능의 이상, 경구피임제 복용, 내분비 장애, 임신 등을 들 수 있다. 이러한 고혈압의 치료 방법은 1차적인 원인을 치료하게 되면 혈압은 정상으로 되돌아오게 된다.

유전 부모가 고혈압인 사람은 혈압이 정상인 부모인 사람에 비하여 고혈압이 될 확률이 2배 정도 더 높다. 종족에 따른 차이도 나타나는데 백인보다는 흑인에게 고혈압이 더 많다고 보고되었다.

연령 혈압은 연령의 증가와 더불어 상승하는 것으로서 45세 이상의 연령층에서 혈압이 서서히 올라가며 50대 이상의 인구 가운데는 약 30%, 60대 40%, 70대 60% 정도가 고혈압인 것으로 보고되었다.

성별 고혈압은 55세까지는 여성보다 남성에게 더 많이 나타나지만 55세 이후에는 여성에게서 더 많은 것으로 나타난다. 그림 7-1에서 보여지듯이 흑인의 경우는 40세 중반에 이르면 여성에서의 고혈압 이환율이 남성보다 더 높아져 백인과 비교해 볼 때 그 연령층이 더 빠른 것을 볼 수 있다.

감정 상태 야심이 많고 공격적이고 경쟁심이 강하고 항상 시간에 쫓기는 소위 행동파들은 혈압이 높고 심장발작이 생기는 확률도 높다. 또한 두려움과 노여움과 같이 심리적 요인들이 일시적으로 혈압을 높이기도 한다. 그리고 도시화, 서구화 할수록 혈압은 높아지며 일반적으로 스트레스에 의한 혈압상승은 확장기 혈압 상승으로 나타난다.

내분비선 알도스테론(aldosterone)과 항이뇨 호르몬(antidiuretic hormone, ADH)이 혈압에 영향을 주는 것으로 알려져 있다. 이러한 호르몬 분비는 감정, 육체적 긴장, 식이 인자 등에 의해 영향을 받게 된다.

비 만 비만은 고혈압의 주요 원인으로 표준체중 보다 20% 이상 되면 고혈압이 유발되며 체중이 10% 증가함에 따라 7mmHg의 혈압이 높아지게 된다. 또한 복부비만 중에서 여자 허리가 34인치, 남자 허리가 39인치가 되면 위험하다고 본다.

잘못된 생활습관 불규칙한 식사습관과 짠 음식을 통한 소금의 과잉 섭취나 폭음과 폭식 그리고 흡연 등에 의해서 고혈압이 발생한다.

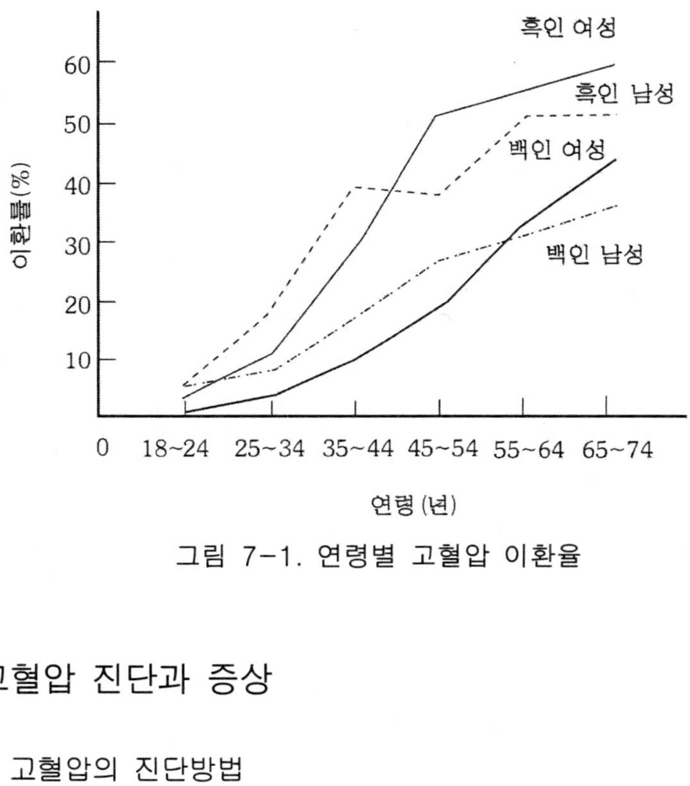

그림 7-1. 연령별 고혈압 이환율

2) 고혈압 진단과 증상

(1) 고혈압의 진단방법

고혈압의 진단은 혈압계 하나로 할 수 있는데 혈압은 오전에 비해 오후에 높으며 아침 기상직후가 가장 높고 저녁에 잠들기 전이 가장 낮다. 또한 긴장을 하거나 화가 나면 혈압은 순식간에 올라갈 수도 있다. 이렇게 혈압의 변동이 많기 때문에 고혈압을 정확히 진단하기 위해서는 최소한 3회 이상 혈압을 측정하여 그 평균으로 진단한다. 또한 양팔의 혈압도 다를 수 있으며 이때는 높은 혈압을 기준으로 한다. 혈압을 재기 전에는 다음 사항을 지켜야 오차를 줄일 수 있다.

- 혈압은 반드시 앉아서 재거나 누운 상태에서 측정해야 한다.
- 혈압을 측정하는 체위에서 5분 정도 안정을 취한다.
- 대화는 혈압을 올리므로 금한다.
- 혈압계의 압박대가 심장의 높이에 오도록 한다.
- 혈압에 영향을 줄 수 있는 외인성 인자(흡연, 식사 직후, 운동 전후, 추위, 방광 충만 등)를 피한다.

(2) 고혈압의 증상

고혈압은 합병증이 없는 한 대부분이 증상이 없기 때문에 우연한 혈압 측정으로 고혈압을 발견할 때가 많은데, 그 때문에 고혈압을 침묵의 살인자(silent killer)라고 하기도 한다. 간혹 민감한 사람들에게서 다음과 같은 증상이 나타난다.

- 머리가 무겁고 아프다.
- 밤에 잘 못자고 귀에서 소리가 난다.
- 가벼운 운동에도 숨이 차다
- 가슴이 뛰고 쉽게 흥분한다.
- 저리고 어깨가 결린다.

(3) 고혈압의 합병증

고혈압은 그 자체가 무서운 것이 아니라 합병증 때문이다. 합병증으로는 심부전증으로 심한 호흡곤란, 부종, 간과 심실의 비대, 신장기능이 나빠져서 소변이 안 나오고 부종이 심해진다. 고혈압 자체가 심장에도 부담을 주게 되어 심근경색증, 협심증, 허혈성 심부전 등 심장기능의 장애가 발생하고, 이차적으로 뇌경색증이 생겨 신체에 큰 타격을 주게 되어 생명이 위태롭다. 특히 고혈압은 뇌졸중을 일으키는 가장 위험인자로 작용하여 뇌동맥에 이상이 생겨 혈관이 파괴되면서 발생하는데 어느 부위가 파괴되느냐에 따라 말을 하지 못하게 되거나 또는 손발을 못 쓰게 되어 반신불수가 된다.

3) 고혈압의 예방과 치료방법

현대의학에서 아직 고혈압의 완치는 어려우나 강압제를 이용한 약물요법과 식사나 운동과 같은 생활양식의 개선에 의하여 혈압을 조절하고 합병증의 발생과 진행을 방지하면 생명에 대한 예후가 좋은 것으로 나타났다.

그림 7-2. 고혈압의 합병증

대한고혈압협회에서 제정한 고혈압 예방을 위한 권장 사항은 다음과 같다.

- 음식은 싱겁게 골고루 먹는다.
- 살이 찌지 않도록 알맞은 체중유지를 한다.
- 매일 30분 이상 적절한 운동을 한다.
- 담배는 끊고 술은 삼간다.
- 지방질을 줄이고 야채는 많이 섭취한다.
- 스트레스를 피하고 평온한 마음을 유지한다.
- 정기적인 혈압 측정과 의사의 진찰을 받는다.

(1) 식이요법

체중조절 고혈압 환자의 60%가 비만인 사람인데, 그 이유는 비만한 만큼 더 많은 조직에 혈액을 공급하기 위해 심장의 역할이 더 커지기 때문이다. 반드시 그런 것은 아니나 실제로 비만 고혈압 환자에서 체중을 4.5kg 감량하면 감압효과가 나타났으며 10kg을 줄이면 수축기 혈압이 25, 확장기 혈압은 10mmHg 정도 내려가는 것을 볼 수 있다. 그러므로 비약물요법 중 가장 확실한 것은 감량요법이므로 모든 비만 고혈압 환자에게 권장된다.

지방섭취 조절 지방질이 많은 동물성 지방의 과다 섭취는 혈중의 포화지방과 콜레스테롤을 증가시키고 동맥경화를 촉진하여 고혈압을 유발하므로 줄이는 것이 바람직하다. 그러나 단순불포화지방산과 다불포화지방산은 혈액을 건강하게 한다. 불포화지방산은 혈액의 응고를 막아 혈전을 예방하거나 혈액 중의 LDL-콜레스테롤은 감소시키고 HDL-콜레스테롤은 증가시키므로 정어리나 고등어 등 등푸른 생선과 식물성 기름을 섭취하는 것이 바람직하다.

단백질 섭취 혈관을 강화시키고 혈관의 탄력성을 유지하기 위해서는 양질의 단백질이 필요하다. 단백질이 함유된 대부분의 동물성 식품에는 나트륨의 함유량이 높으므로 저염식으로 위험 수치를 낮추면서 적극적으로 단백질을 섭취하여 혈관을 튼튼하게 강화해야 한다.

무기질 섭취 칼륨은 고혈압의 원인인 나트륨의 체외 배출 유도와 혈압 상승을 억제하는 효과가 있으며 고혈압 환자에게서 흔히 발생하는 뇌일혈의 위험을 감소시킨다. 따라서 나트륨 함량이 낮고 칼륨 함량이 높은 과일이나 야채 섭취를 증가시킨다. 시금치, 쑥갓, 콩, 배추, 양배추와 같은 야채나 각종 과일에 많이 포함되어 있다. 특히 고혈압 환자는 이뇨제의 복용으로 칼륨의 결핍을 초래하는 수가 있으므로 적정 칼륨 수준을 유지할 수 있도록 조심해야 한다. 또한 칼슘은 혈압을 안정시키면서 뼈를 만드는 무기질로 혈압을 저하시키는 기능이 있으므로 칼슘이 함유된 유제품의 섭취도 중요하다.

식이섬유 나트륨이나 콜레스테롤을 체외로 배설시키며 고혈압 환자에게 위험한 변비를 개선시키며 고혈압 개선에도 매우 효과적이므로 팥, 비지, 우엉, 무말랭이, 강낭콩, 키위, 표고버섯 등 식이섬유소의 함유량이 높은 식품의 섭취가 중요하다.

저염식 조미료나 식염을 첨가하지 않은 자연식품 만을 섭취하는 에스키모인과 브라질 원주민의 1일 식염 섭취는 약 3g으로 고혈압은 거의 발생하지 않는다. 미국인의 경우 5~15g/일 정도이며 주로 가공식품을 통해 섭취하며 한국인의 1일 평균 염분 섭취량은 20g 정도 된다(그림 7-3). 주로 그림 7-4에 나타낸 간장, 된장 그리고 고추장 등의 장류와 젓갈류 등이 식염섭취의 주 급원이 되는데, 감압효과를 기대하기 위해서는 최소한 1일 7g이하로 염분을 제한해야 한다. 특히 소금에 민감한 고혈압 환자가 소금 섭취량을 줄이면 혈압도 떨어지고 신장, 심장 그리고 혈관의 과도한 활동도 줄어든다. 연구에 의하면 소금을 4.0g에서 5.8g 정도만 섭취하면 수축기 혈압을 9~15, 확장기 혈압을 7~16mmHg 정도를 떨어뜨릴 수 있다고 한다.

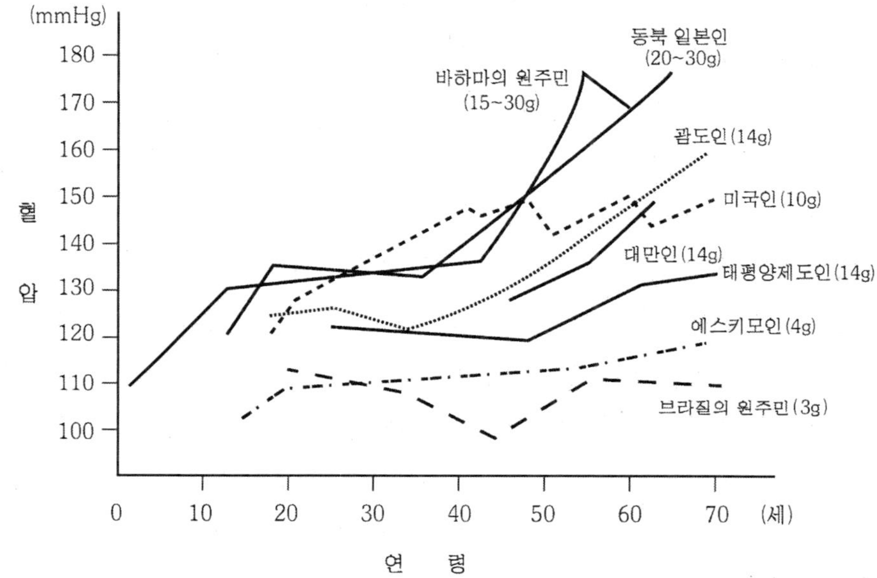

그림 7-3. 각 나라의 식염섭취량과 혈압과의 관계

알코올 알코올이 고혈압의 원인이 되고 있고 과다한 음주자에게 고혈압의 위험이 증대하는 것은 분명하다. 그러므로 부득이하게 술을 마시는 경우 알코올 섭취량을 30g 이상 넘어서게 되면 혈압을 올리기 시작하므로 보통 각 술의 종류별로 해당 잔의 1~3 잔 정도 넘지 말아야겠다.

금 연 담배를 피우면 니코틴 성분이 혈압을 올리고 맥박을 빠르게 하여서 혈관의 유연성도 떨어뜨릴 뿐만 아니라 동맥경화나 고혈압 환자의 허혈성 심장 질환의 발생율을 6배 이상 높이고 있다. 그러므로 반드시 금연해야 한다. 그러나 금연 후 10~15%의 체중증가가 있어서 혈압상승 우려가 있으므로 담배를 끊으려 할 때는 동시에 칼로리 섭취량을 줄여서 체중증가를 방지해야겠다.

카페인 카페인 섭취는 혈압을 급격히 상승시킨다. 한 연구에서 하루 2~3잔의 커피(150mg 카페인)를 마신지 15분 후 혈압이 5~15mmHg 정도 증가되었다고 보고하고 있으므로 가급적 덜 마시는 것이 바람직하겠다.

종류	예
소금에 절인 식품	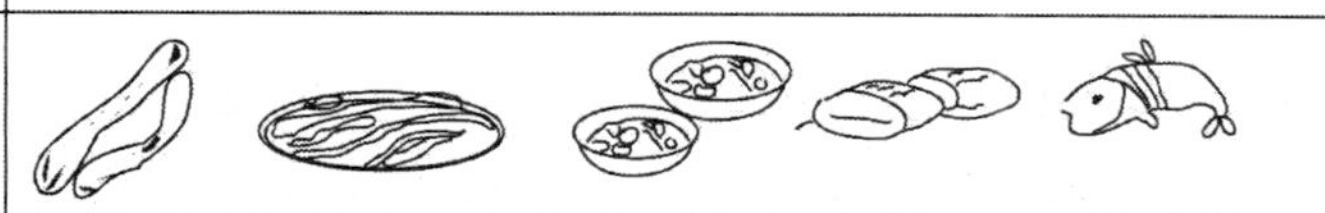 오이지 장아찌 젓갈류 자반고등어 굴비
인스턴트 식품	 라면 즉석스프류 통조림식품
훈연 어육식품	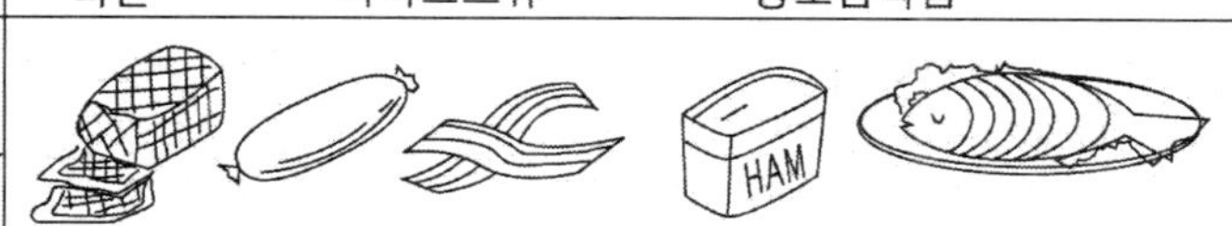 햄 소시지 베이컨 런천미트 훈연연어
가공식품	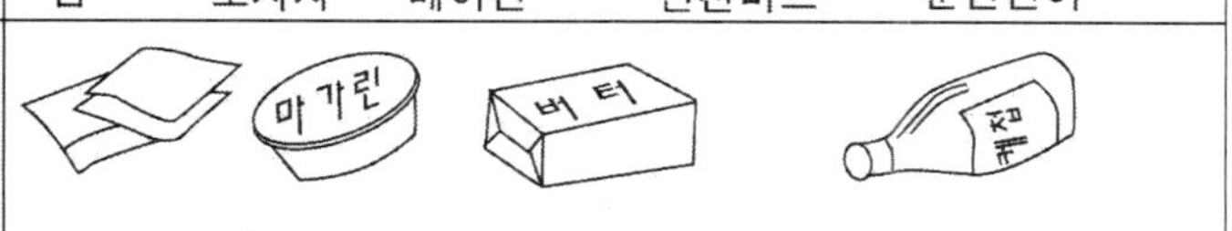 치즈 마가린 버터 케첩
조미료	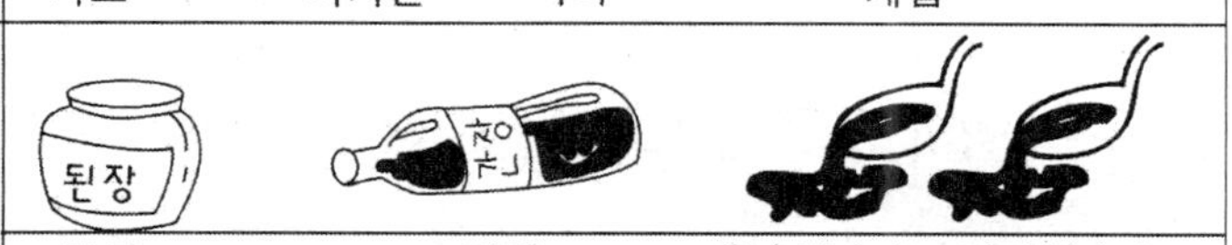 된장 간장 우스타소스 바베큐소스

그림 7-4. 염분이 많이 함유된 식품

(2) 운동요법

근육이 운동을 함으로써 더 많은 산소를 필요로 하는 유산소 운동은 혈압을 다소 상승시키지만 심혈관 기능(cardiovascular function)을 증가시키므로 권장하고 있다. 주로 앉아서 하는 생활이 많은 경우에는 심혈관 위험을 줄이기 위해서는 정기적 동적 운동 프로그램이 필요하며, 이 프로그램을 통해서 체중 조절에 도움이 되므로 권장할 만하다. 단시간의 고도 운동보다 중등도의 운동을 5~10분의 준비운동 후 30분간의 본 운동 그리고 5~10분 간의 정리운동을 하며 걷기, 달리기, 수영, 자전거타기 등 소위 에어로빅운동이 바람직하며 최소한 1주 3회 정도 해야 심폐기능을 유지할 수 있겠다. 그러나 고혈압 환자의 운동에 의한 사고로 조심할 것은 심발작, 뇌출혈, 뇌순환장애, 뇌색전 등이므로 주의해야 겠다.

(3) 약물 요법

고혈압은 완치되는 것이 아니고 조절되는 것 뿐으로 강압제란 먹을 때에만 혈압이 내려가며 현재로서는 24시간 이상 약효가 지속되는 것이 없다. 그러므로 하루도 거르지 않고 매일 평생을 계속해야 하는 장기투약을 해야 한다. 고혈압의 약물요법의 효과는 단기적으로는 증상의 소실과 혈압의 정상화이며 장기적으로는 심혈관질환의 이병률 및 사망률의 감소와 합병증 발생률이 저하된다는 것이 역학조사에서 밝혀졌다. 약물은 대개 나트륨 배설을 증대시키는 이뇨제와 혈관을 이완시켜 혈압을 낮추도록 하는 혈관 이완제가 있다.

(4) 이완(대체)요법

고혈압 환자는 외부로부터 스트레스를 줄이거나 빨리 해소시키는 방법을 자기 나름대로 강구해야 한다. 첫째로, 근심, 걱정, 불안, 공포, 초조 등은 지속적인 정신적 스트레스가 되는 원인이 되므로 스스로 해소하는 방법을 빨리 터득해야 한다, 둘째, 노여움, 욕구불만은 자기중심적 성격을 가진 사람에게 많다. 화를 잘 내는 사람은 객관적으로 상대방 입장에서 사물을 보는 습관을 들이도록 하는 것이 중요하다.

2. 동맥경화

동맥벽은 원래 탄력성이 많고 내면이 매끈하여 심장박동에 따라 피의 흐름이 효과적으로 이루어져야 되는데 동맥 내면에 군데군데 콜레스테롤이나 섬유질과 같은 성분이 쌓이고 상처로 인한 이상조직의 증식으로 내경이 좁아지며 동맥벽이 굳어져서 탄력성이 감소하는 현상을 동맥경화라고 한다. 동맥내경이 좁아지면 자연히 좁아진 부분을 통과하는 혈류는 장애를 받게 된다. 동맥벽이 전반적으로 탄력성을 잃는 현상을 협의의 동맥경화증이라 말하고, 비교적 큰 동맥내면에 국소적으로 지방성분이 침착되어 병적인 이상조직이 증식하는 현상을 죽상경화증이라 말한다(그림 7-5).

이 중 가장 흔하게 발생하는 관상동맥 심장병은 관상동맥 내벽에 지방이 축적되어 심장으로 산소와 영양소가 공급되지 못하여 심근 국소 빈혈상태가 된다. 이렇게 되면 협심증이라고 불리는 가슴 통증을 유발하거나 좁아진 혈관에 혈액응고 즉 관상동맥 혈전증을 일으키면 혈관이 완전히 막혀서 심장마비를 일으킨다. 이 상태가 되면 심근경색증이며 심장근육이 완전히 죽었다는 뜻이다. 마찬가지로 뇌혈관의 내경이 좁아지면 압력이 증가하여 모세혈관이 파열되면 뇌출혈 및 뇌졸중(중풍)으로 진전된다.

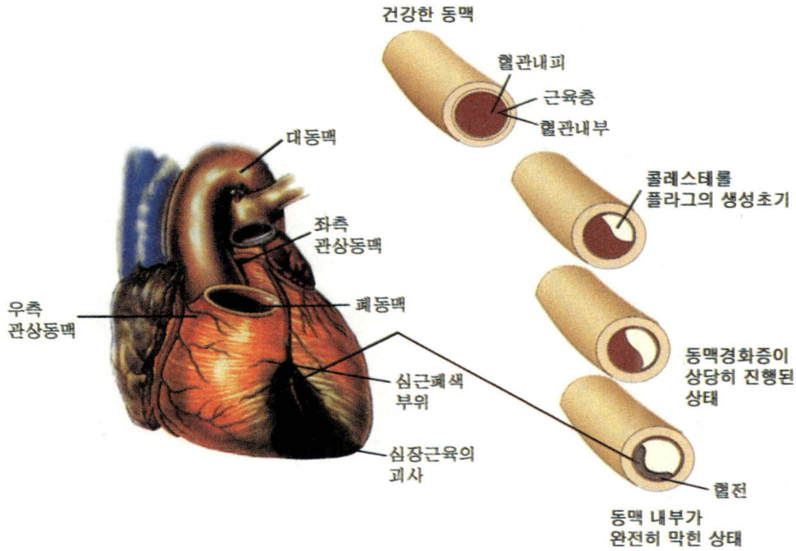

그림 7-5. 동맥경화증과 심근경색의 발생과정

1) 동맥경화증의 원인

동맥벽의 변화는 동맥벽의 손상과 변성을 일으키는 여러 가지 복합적인 위험요인으로 발생하게 된다. 동맥경화를 초래하는 원인은 흡연, 고혈압, 고중성지방혈증, 고콜레스테롤혈증, 비만, 당뇨, 스트레스, 운동부족, A형 성격 등이 주요 요인으로 여러 연구와 조사에서 밝혀졌으며 남자, 고령자, 유전적 소질을 이어받은 사람도 동맥경화를 일으키기가 아주 쉽다. 이상의 위험요인들을 많이 가지고 있을수록 동맥경화가 될 가능성이 많아지는데 각 요인이 서로 동맥경화 형성을 부추겨서 발병하게 된다. 그러나 이 중에서 고혈압, 고지혈증, 흡연의 세 요인은 독립적 위험요인이라 하여 비록 다른 위험요인의 부추김이 없더라도 독립적으로 동맥경화를 야기 시킬 수 있으므로 동맥경화의 가장 중요한 원인이 된다. 고혈압은 현재 우리 국민들의 동맥경화성 질환을 발생시키는데 가장 큰 몫의 역할을 하는 위험 요인이다.

(1) 스스로 조절 불가능한 인자

성별 폐경기 이전의 여성은 남성보다 심장마비에 걸리는 경우가 낮다. 그러나 폐경기 이후 여성의 심장마비 발병률은 증가되어 남성과 거의 동일한데 주로 폐경기 이후에는 에스트로겐 호르몬이 분비되지 않아서 혈액내 LDL-콜레스테롤이 증가됨과 동시에 동맥경화증도 증가된다.

연령 심장마비는 연령의 증가와 더불어 증가되며 55~65세 이후에 발병된다.

유전 가족 중에 발병 경험이 있을 때 높으며 특히 아버지나 남자의 직계 가족 중 55세 이전에, 어머니나 직계 가족 중 65세 이전에 심장마비로 사망한 직계 가족이 있을 때 발병율이 높다.

종족 흑인 중에 발병률이 높으며 이는 기타 음식과 스트레스 등도 원인이 된다.

(2) 스스로 조절 가능한 인자

흡연 흡연자는 비흡연자에 비해 심장마비 발병률이 3배나 높고 흡연이 갑작스런 심장 질환 사망률의 주요 원인으로 작용한다. 흡연을 하면 혈중에 일산화탄소가 많아지며 이것이 혈관벽에 손상을 주고 혈소판의 응집력이 강화되어 혈전형성이 용이하여 질뿐만 아니라 혈소판이 분비하는 증식인자가 동맥벽의 병적인 이상증식을 촉진한다.

고혈압 고혈압 환자는 심장마비, 출혈성 심장마비나 뇌일혈을 일으킬 위험성이 높으며 만약 고혈압 환자가 술과 담배를 할 때는 그 위험성이 더 증가된다.

고콜레스테롤혈증 50세 미만의 사람이 혈중 콜레스테롤이 240mg/dℓ 이상일 때는 심장마비의 위험이 있음을 알고 있어야 하고, 그림 7-6에서 처럼 혈중 콜레스테롤 수준이 높으면 높을수록 위험성도 커진다.

당뇨병 당질을 효과적으로 에너지원으로 이용되지 못하기 때문에 대신 지방질이 분해되어 에너지원으로 이용되고 이 과정 중 혈중 지방질 농도가 높아지며 동맥경화증이 된다.

비만 비만인 사람은 고혈압, 당뇨병, 고혈중 콜레스테롤이 있을 가능성도 많지만, 비록 혈압과 혈중 콜레스테롤이 정상이라 하더라도 비만 자체가 동맥경화를 일으키기 좋은 조건이 된다.

스트레스와 성격 심리적 스트레스를 받는 사람은 심장마비를 일으키는 주요 원인이 된다. 그리고 화를 잘 내고 적개심을 갖고 또 성공하기 위해서 지나치게 집착이 강한 사람은 심장마비의 위험성이 높다. 주로 교감신경계의 흥분으로 분비되는 아드레날린이라는 호르몬이 동맥벽에 손상을 주어 불리하게 작용한다.

잘못된 습관 동물성 단백질량 · 총지방량 · 콜레스테롤의 섭취량이 높은 경우에 심장 질환의 이환율이 높고, 반대로 전분 · 식물성 단백질 · 섬유질 섭취량이 높을 때는 이 질환의 이환율이 낮은 것으로 나타났다.

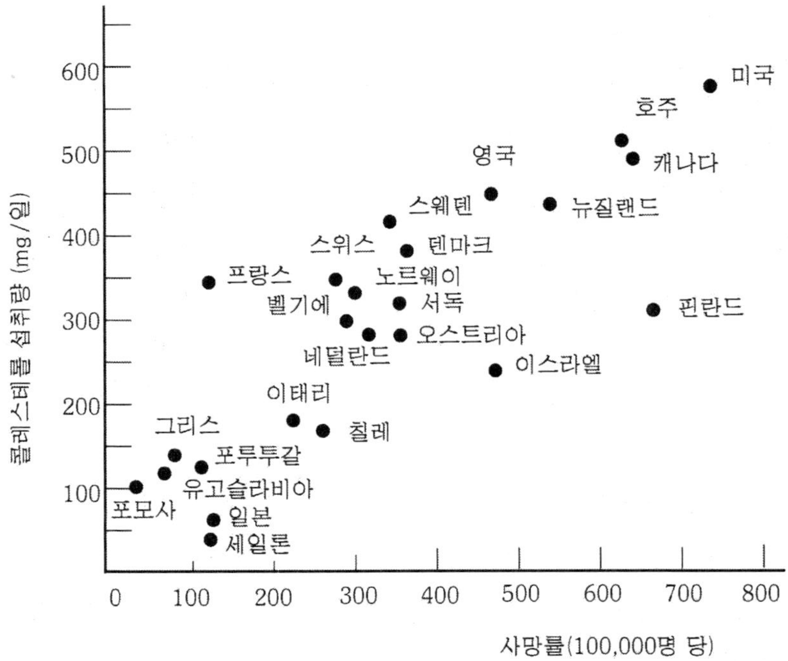

그림 7-6. 1일 콜레스테롤 섭취량과 관상 심장질환으로 인한 사망률과의 관계

2) 동맥경화증의 증상

비록 상당한 정도의 동맥경화가 있더라도 증상이 나타나지 않는 것이 보통이며 동맥경화가 극도에 달하여 동맥내강의 70% 이상이 막혔을 때 그 말초부위로의 혈류가 감소하여 증상을 비로소 느끼게 되는 것이 상례이다. 즉 환자는 아무 불편을 느끼지 않으면서도 사실에 있어서는 상당히 진행되어 있는 경우가 많다. 동맥경화의 여러 가지 위험요인을 가지고 있는 사람은 이미 젊었을 때부터 동맥내막에 상당한 변화가 초래되어 있는 것이 확인되었다. 이런 사람들은 시간의 흐름에 따라 동맥 내강이 좁아지다가 혈류장애가 어느 한계점에 도달했을 때 비로소 증상이 나타난다. 따라서 초기 단계의 동맥경화를 진단하기는 거의 불가능하며 여러 가지 위험요인의 상황을 봐서 추측할 뿐이다. 또한 초기 단계의 동

맥경화가 더 이상 진전되지만 않는다면 각 장기의 기능은 정상이므로 우려할 대상은 아니다.

특별한 증상은 없으면서 동맥경화가 발생되어 있다는 증후

- 단독수축기 고혈압 : 수축기 혈압은 높고 확장기 혈압은 하강
- 안저동맥의 경화현상
- 대동맥의 경화현상

동맥경화가 심하여 발생하는 질환

- 뇌동맥 : 일과성 뇌허혈발작, 뇌경색 등
- 대동맥 : 박리성 대동맥류
- 관상동맥 : 협심증, 심근경색, 부정맥
- 하지동맥 : 간헐성 파행증

3) 동맥경화와 고지혈증

(1) 고지혈증이란?

사람 체중의 약 10%가 지방으로 구성되어 있으며, 그 중에서 중요한 작용을 하는 것은 콜레스테롤과 중성지방이다. 혈액내의 지방은 세포의 기능 유지와 에너지 대사에 여러 가지 일을 하고 있으므로 당연히 존재해야 한다. 그러나 고기를 많이 먹거나 칼로리 섭취의 과잉, 술이나 약, 유전적인 영향 또는 어떤 질환에 의한 이차적 원인 때문에 혈액내 지질 성분이 너무 과해서 생기는 질환이 고지혈증이다. 이를 지질 성분에 따라 구분하여 보면 표 7-2에서 처럼 중성지방이 많으면 고중성지방혈증, 콜레스테롤이 많으면 고콜레스테롤혈증이라고 한다. 혈액내 중성지방이 높은 것은 심장순환계 질환의 위험과 관련이 있는데, 중성지방과 총콜레스테롤이 200mg/dℓ 이상일 경우 위험수준으로 동맥경화증을 유발하게 된다.

표 7-2. 한국인의 고지혈증 진단기준

분류	mg/dℓ
고콜레스테롤증	≥240
경계치	200~239
정상	<200
매우 높은 LDL-콜레스테롤혈증	≥190
고LDL-콜레스테롤혈증	160~189
경계치	130~159
정상	100~129
적정	<100
저HDL-콜레스테롤혈증	<40
고HDL-콜레스테롤혈증	≥60
고중성지방혈증	≥200
경계치	150~199
정상	<150

혈청콜레스테롤 이상비 = LDL:70%, HDL:20%, VLDL:10%
자료 : 고지혈증 치료지침 제정위원회. 고지혈증 치료지침(2003).

(2) 지단백의 종류

지단백은 수용성이 아니어서 혈액을 자유롭게 움직일 수 없으므로 단백질과 결합하여 지단백이라는 형태로 혈액을 돌아다니게 된다. 지단백은 콜레스테롤, 중성지방, 인지질, 유리지방산 등이 단백질과 결합하여 물에 용해된 형태의 지단백(lipoprotein)은 밀도에 따라 카이로마이크론(chylomicron), 초저밀도(VLDL), 저밀도(LDL), 고밀도(HDL) 지단백으로 구분하고 각각의 분획은 다른 특성들을 가진다.

- Chylomicron : 음식물이 소장에서 흡수된 후 형성된 외인성 지방의 운반체이다.
- VLDL(Very Low Density Lipoprotein, 초저밀도 지단백질) : 간에서 합성되어 혈액으로 분비되며 중성지방의 양이 높으며 내인성 지방이라고 한다.

- LDL(Low Density Lipoprotein, 저밀도 지단백질): 지단백질 중 콜레스테롤 함유량이 가장 높고 이 중에 함유되어 있는 콜레스테롤은 혈관계를 순환하다가 말초혈관 내부벽에 버려지게 되어 동맥경화증을 일으키는 원인이 되므로 '나쁜 콜레스테롤'이라 한다.
- HDL(High Density Lipoprotein, 고밀도 지단백질) : 혈액중에 순환하다가 말초혈관에 쌓여 있는 콜레스테롤을 걷어내어 간으로 이동시키는 청소부 역할을 하므로 '좋은 콜레스테롤'이라고 한다.

4) 동맥경화증의 예방과 식사요법

동맥경화는 오랜 세월에 걸친 생활습관이나 신체조건으로 생기는 결과이므로 일단 발생하면 원상으로 회복되기는 기대하기 어렵다. 따라서 예방만이 효과적인 치료방법이라고 볼 수 있으며, 가능한 한 모든 위험요인을 적극적으로 제거 또는 감소시켜서 예방하거나 발병을 지연시켜야 한다. 일단 발병을 했다면 과학적인 치료에 전념하여 진행을 막는 과학적 방법을 선택하여야 하겠다.

(1) 동맥경화의 예방방법

- 금연과 고혈압은 비록 증상이 별로 없더라도 적극적으로 치료해야 한다. 24시간 혈압이 어느 시간에 측정하든 120/80mmHg 이하로 유지되는 것이 좋다. 또한 당뇨병이 있는 사람은 식사요법과 약물요법을 병행하여 소변에는 당이 나오지 않도록 조절해야 하며, 식후 2시간 혈당치는 많아도 200mg/dℓ 이하가 되도록 해야 한다. 고지혈증환자는 식생활, 운동, 금연, 약물 치료 등으로 나쁜 LDL-콜레스테롤을 낮추고 좋은 콜레스테롤인 HDL-콜레스테롤을 높게 유지하는 것이다.
- 비만의 치료, 특히 복부비만의 경우에는 식이요법, 운동요법을 시행하여 정상체중을 유지토록 해야 한다. 성인에서 체중의 증가는 지방질의 축적이므로 체중조절은 과다한 체지방의 제거를 의미한다.
- 활동적인 생활과 운동을 일상생활화 하여 체중조절, 고혈압, 고지혈증,

당뇨병 등을 예방하고 동맥경화를 예방하도록 해야 한다.

- 정신적 긴장의 해소도 매우 중요하다. 적대감, 긴박감, 과도한 경쟁심, 그리고 공격심이 강한 사람은 동맥경화를 일으키는데 한 요인으로 작용하므로 이 같은 긴장상태를 여가활동을 포함한 여러 방법을 통하여 긴장의 축적을 피해야 한다.

(2) 식사요법

식사요법의 목표는 포화지방산과 콜레스테롤의 섭취를 줄이고, 열량제한과 신체활동을 증가시켜 열량의 균형을 유지하는 것이다. 이와 같은 식사요법과 신체 활동의 증가, 체중감소로 인하여 LDL-콜레스테롤과 VLDL을 감소시키고, HDL-콜레스테롤을 증가시키는 것이다.

포화지방의 감소와 저콜레스테롤 혈액의 지방성분 중에서 콜레스테롤, 특히 LDL-콜레스테롤이 증가하는 것이 위험한데 콜레스테롤은 모든 세포에서 합성될 수 있으며 정상인의 경우 일정 한도내에서는 식이 콜레스테롤의 흡수와 체내 합성이 상호조절되어 혈액내 콜레스테롤 농도를 일정하게 유지한다. 혈액내 콜레스테롤량을 감소시키기 위해 콜레스테롤 함유 식품만을 제한한 것은 크게 도움이 되지 않는다. 혈액내 콜레스테롤을 정상적으로 유지시키기 위해서는 직접적인 콜레스테롤 섭취량뿐만 아니라 전체적인 지질섭취량과 포화지방산의 섭취도 주의해야 한다. 다시 말해서 포화지방산을 많이 섭취하면 간에서 콜레스테롤 합성이 증가되므로 콜레스테롤뿐만 아니라 포화지방산의 섭취를 함께 낮추어야 한다. 표 7-3에서 처럼 콜레스테롤이 많이 포함된 음식은 계란 노른자, 동물의 뇌, 간, 콩팥, 심장 등의 내장, 생선의 내장, 일부 생선의 껍질, 오징어, 꼴뚜기, 보리새우, 건새우, 버터가 들어간 과자류나 푸딩 등으로 꼭 제한하여야 한다.

표 7-3. 콜레스테롤의 함량이 높은 식품 (단위: mg/100g)

식 품	함 유 량	식 품	함 유 량
소골, 머리골	2,250	오리, 계란노른자	1,500
건오징어다리	1,106	보리새우, 건새우	397
꼴뚜기	1,200	명란젓	350
뱅어포	834	인스턴트 즉석북어국	239
대구내장등알류	300	대하	296
생한치	500	대구포	563

불포화지방산 불포화지방산이 많이 포함된 음식은 충분히 섭취하도록 권장되고 있다. 불포화지방산은 산화력이 강한 지방성분이며 동맥경화성 질환을 예방하는데 효과적이라는 것이 증명된 바 있다. 불포화지방산이 많이 포함된 식품은 옥수수유, 대두유, 올리브유 등 식물성 기름과 등푸른 생선의 기름이다. 특히 생선중에서 등푸른 생선은 동물성 단백질의 급원이면서 육류에 비해 칼로리가 낮고 다불포화지방산의 함유량이 높아서 질병에 효과가 있다. 등푸른 생선은 일주일에 세 번 정도 섭취하면 적당량의 $\omega-3$ 지방산을 섭취할 수 있다. 올리브 · 호두 · 아몬드 · 아보카도와 같은 견과류에 많은 올레산과 같은 단일불포화지방의 가장 큰 특징은 산화변질이 잘 안 되는 지방산으로 동맥경화증 예방효과가 있다고 본다. 그러나 아무리 질병 예방에 좋은 음식이라 하더라도 너무 많이 섭취하면 다른 면에서 역효과가 나타날 수도 있는 것이므로 과량 섭취하는 우를 범해서는 안 될 것이다.

동맥경화증 예방 및 치료를 위한 식사요법

- 하루에 콜레스테롤 섭취량이 300mg을 넘지 않도록 한다. 이것을 지키기 위해서는 계란을 하루에 2개 이하로 먹고, 육류나 유제품은 되도록 적게 먹는 반면에 저지방 우유, 식물성 기름을 사용하여야 한다.

- 총 에너지 섭취량 가운데 지방이 차지하는 열량이 30% 이하가 되도록 한다.
- 포화지방산의 섭취는 줄이고 불포화지방산의 섭취를 늘리며, 불포화지방산: 포화지방산의 비율을 1:1(P:S=1)로 유지한다.
- 탄수화물의 섭취는 총 에너지 섭취량의 50% 정도로 하고 정제된 당은 피하며 섬유질이 풍부한 복합당을 섭취하도록 한다.
- 단백질은 총에너지 요구량의 15% 정도 되도록 한다. 동물성단백질의 과다한 섭취는 포화지방산의 섭취를 증가시키므로 식물성 단백질 섭취도 유의해야 한다.
- 소금 섭취량은 1,000kcal 섭취당 1.0g 또는 하루에 5.0g을 넘지 않도록 한다.
- 알코올 섭취는 총에너지 섭취량의 15%를 넘지 않아야 한다(포도주 240㎖, 맥주 700㎖)
- 여러 종류의 음식을 섭취해야 한다.
- 동맥경화증 발생을 억제시키는 것으로 알려진 비타민 B_6, 나이아신, 비타민 C, 비타민 E 등을 충분히 섭취한다.

제 8 장 골다공증과 영양

성인의 골격은 206개의 뼈로 형성되어 있으면서 신체의 구조 형성과 신체내 여러 기관을 보호할 수 있는 형체와 견고성을 부여하며 근육과 건이 뼈에 연결되어 움직일 수 있게 한다. 이와 더불어 뼈는 칼슘과 인의 저장고 역할과 뼈 안에 있는 골수라는 곳에서 혈구세포를 만들어 전 조직에 공급하는 조혈기능을 갖고 있다. 뼈는 유기질과 무기질로 구성되어 있으며 이 양(bone mass)을 골밀도(bone density)라 하는데 주로 성장기의 청소년기까지 계속 증가해 30대에 최고치에 이르게 된다. 그러나 남녀 모두 60세를 전후로 특히 여성의 경우 폐경기 이후에 감소되어 요통, 척추변형, 신장감소와 같은 이상 증상과 함께 골절 위험성이 높아진다. 나이가 들수록 골절이 되면 회복되는데 시간이 많이 걸리고 때때로 심각한 합병증을 초래한다. 그러나 최근에는 무리한 다이어트나 운동부족 등으로 20대와 30대에서도 골다공증이 생기는 경우가 많다. 따라서 이 장에서는 골다공증의 원인과 청소년기와 성인기에 골밀도를 증진시킬수 있는 생활습관을 갖는 방법에 대하여 살펴보겠다.

1. 뼈 질환의 종류

뼈질환은 크게 두 가지로 분류할 수 있는데, 그 하나는 구루병(ricket) 또는 골연화증(osteomalacia)이고 다른 하나는 골다공증(osteoporosis)이다.

골연화증 혈중 칼슘과 인의 수준이 낮아서 석회화가 제대로 이루어지지 않아서 골밀도가 감소되고 물러져서 뼈의 기형이나 뼈 자체가 약해지는 현상이다. 골연화증은 나이든 동물에서 나타나는 반면에 어린 동물에게 나타나는 경우에는 구루병이라 한다. 구루병은 생후 6개월 무렵부터 2년 사이의 유아에게 생기기 쉬운 병이며 골다공증과의 차이점은 잘 부러지지는 않으나 여자의 경우 골반의 기형으로 분만이 어려워지고 또한 척추가 굽어서 곱사등이 되며 뼈의 통증을 느낀다. 골연화증은 비타민 D의 부족으로 뼈의 정상대사가 부진하기 때문에 발병한다.

골다공증 '뼈 안에 구멍이 많이 생기는 질병'이다. 뼈 내부는 콜라젠이나 단백질과 같은 유기질에 무기질인 칼슘과 인의 결정이 침착되어 그물망처럼 촘촘한 구조로 이루어져 있는데 속의 구멍들이 더 커지고 구멍과 구멍 사이가 넓어지게 되는 것이다(그림 8-1). 뼈자체의 무게가 줄어들고 미세구조가 얇아지고 약해짐으로써 조그만 충격에도 뼈가 쉽게 부러지는 상태가 골다공증이다. 이러한 골절은 주로 폐경기 이후에 증가하기 시작하여 노년기가 되면 급격히 증가한다. 골다공증으로 인한 골절은 모든 부위에서 일어날 수 있고 특히 그림 8-2에서처럼 척추, 고관절 부위(허벅지 상부), 허리, 골반, 손목뼈에서 자주 일어난다. 척추뼈의 손실은 50~60세 여성에서 시작되며 이로 인해 허리가 주저앉고, 등이 굽는 등 전체적인 체형의 변화를 초래한다(그림 8-3). 허리 골절은 특히 골다공증을 가지고 있는 여성에게서 많이 생기는 것으로 넘어지거나 넘어지면서 손을 잘못 짚었을 때 허리가 부러지게 된다.

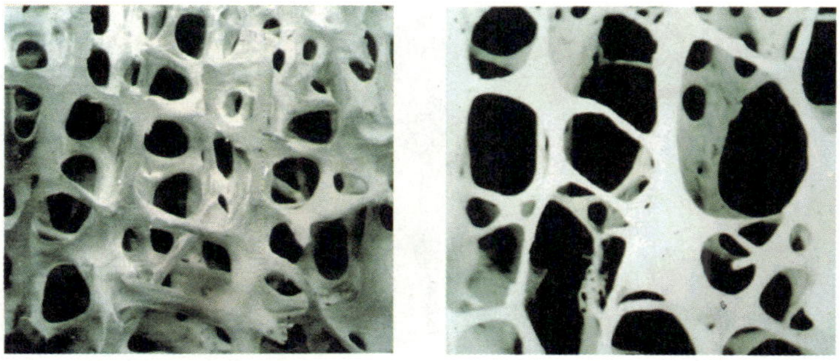

정상인의 척추단면　　　골다공증환자의 척추단면

그림 8-1. 정상인과 골다공증환자의 척추단면

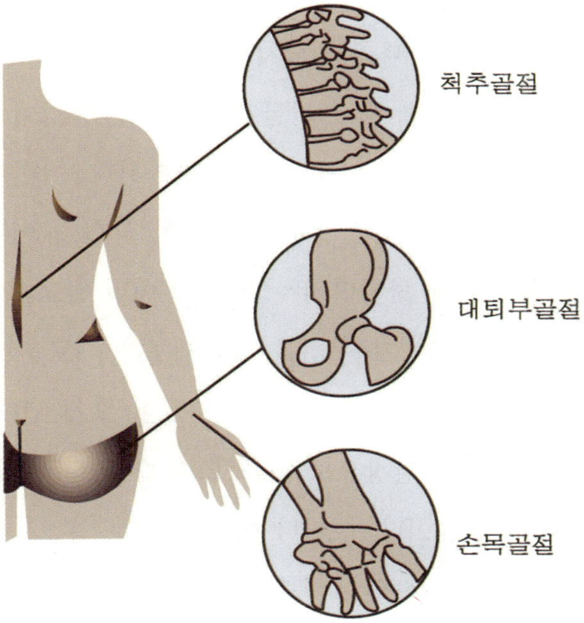

그림 8-2. 골절이 잘 일어나는 부위

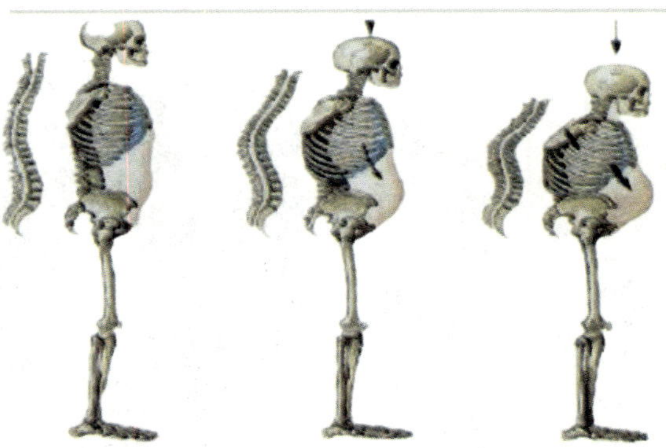

그림 8-3. 연령이 증가함에 따라 나타나는 척추 변화

2. 골다공증의 원인

정상적인 뼈에서는 뼈가 녹고 새로 만들어지는 과정 즉 흡수와 생성 과정을 거치게 된다. 정상 뼈 상태에서 낡게 되면 뼈를 녹이는 파골세포가 와서 그 부위를 녹이게 되고 파골세포가 녹인 웅덩이 부분을 이번에는 조골세포가 새로운 뼈를 만들어서 채우게 된다. 이런 흡수와 생성 과정이 반복적으로 일어나면서 흡수와 생성이 균형을 이루게 되는데, 이것을 '골교체'라고 한다. 하지만 나이가 들면 이런 골교체에 변화가 나타나는데 파골세포가 녹인 그 부위를 조골세포가 새로운 뼈를 만들어 채우기는 하지만 완전히 채우지 못하고 골손실이 오게 된다. 뼈의 교체 과정을 그림 8-4와 같이 담장으로 비유로 할 수 있다. 골교체 과정 중 가장 중요한 물질은 칼슘이다. 그러나 어떤 원인에 의해서 칼슘의 섭취가 부족하거나 여러 가지 요인이 복합적으로 작용하여 새로운 뼈가 형성되지 못하여 골다공증이 생기게 된다.

그림 8-4. 뼈의 교체과정

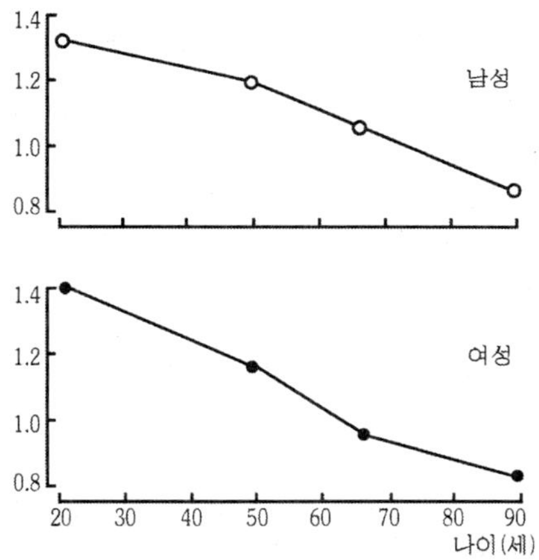

그림 8-5. 연령 증가에 따른 골밀도의 변화

체중 체중이 무거운 여성이 골다공증에 걸리는 확률이 낮다. 그 이유는 일반적으로 여윈 여성에 비해서 골질량이 많고 또 뼈의 장력 강도를 주는 해면골이 많으며 또 뼈의 용출 작용을 억제하는 에스트로겐 호르몬의 주요 공급원인 지방조직이 풍부하기 때문이다.

유전 어머니, 자매 그리고 기타 여자 쪽에 골다공증 환자가 있는 경우 골다공증에 걸릴 위험이 더 높다. 또한 북유럽이나 동양인이 서양인보다도 골다공증에 걸리는 확률이 높은 반면에 흑인은 골다공증에 걸리는 비율이 낮다.

질병요인 소화기관의 이상은 골다공증을 촉진시키게 되는데 유당불내증이나 위산분비 감소 등에 의하여 칼슘의 흡수가 저하되기 때문이다.

생리적 또는 내분비적요인 과도한 갑상선 호르몬 분비, 과도한 부갑상선 호르몬 분비, 당뇨병 그리고 조기폐경 등에 의한 호르몬 변화로 인하여 골밀도가 낮아지게 된다.

환경적 요인 햇빛에 노출기간이 감소되거나 담배나 술 그리고 카페인을 많이 섭취하더라도 골밀도 감소로 골절의 위험이 증가될 수 있다. 카페인과 알코올은 소변으로 칼슘의 배설을 촉진시킨다.

칼슘섭취 부족 하루 필요한 칼슘의 요구량이 나이가 들거나 임신기에 증가된 요구량만큼의 칼슘을 충분히 섭취하지 못하면 우리 몸은 골량과 골강도를 유지하기 위해 칼슘이 모자라게 된다. 그래서 칼슘섭취량에 따른 골절 빈도를 조사하여 보면, 칼슘 섭취가 적은 지역에서 연령증가에 따른 대퇴부의 골절빈도가 칼슘섭취가 많은 지방에 비해 높은 것을 볼 수 있으며, 이는 여성에게서 뚜렷하게 나타난다(그림 8-6).

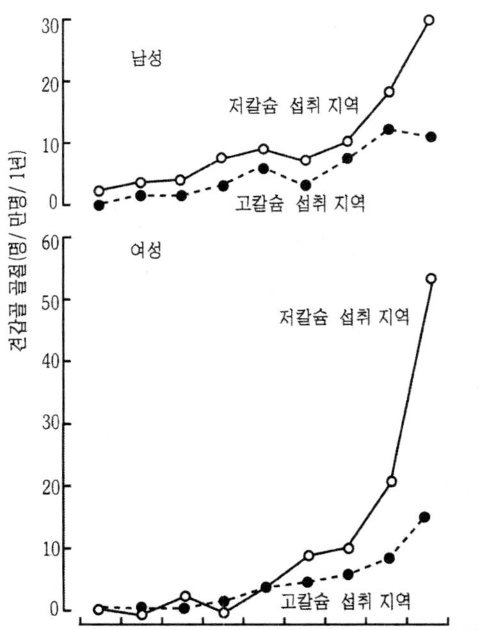

그림 8-6. 칼슘 섭취량에 따른 대퇴부의 골절 빈도

운동부족 뼈의 강도는 골격이 가해지는 물리적 힘에 의해 결정된다. 근육을 사용하지 않으면 약해지는 것과 마찬가지로 강하고 건강한 뼈는 지속적인 운동을 필요로 한다. 침대나 휠체어만 앉아서 지내는 사람이나 움직이기 싫어하는 사람은 골다공증에 걸릴 위험성이 높다. 그러나 여성의 경우 발레 선수나 마라톤 선수와 같이 지나치게 운동을 하면 월경이 중지되고 에스트로겐 호르몬의 분비 저하로 오히려 골다공증에 걸릴 위험이 증가된다.

3. 골다공증의 증상

처음에는 특별한 증상이 없기 때문에 많은 사람들이 병원에 찾았을 경우 상당히 골다공증이 진행된 경우가 많다. 대개 처음에는 등에서 부터 허리에 걸쳐 무겁다거나 쉽게 피로하다고 호소한다. 차츰 골다공증이 진행되면서 허리가 굽는다거나 키가 줄게 되고 몸을 급히 움직일 때 갑작스럽고 심한 통증을 느끼기도 하며, 무거운 물건을 들거나 넘어질 때 골절이 쉽게 일어난다. 대퇴골 골절은 골다공증으로 인한 골절 중 가장 심각한 문제를 일으킨다. 발생율 자체는 척추 골절이나 손목 골절에 비해 낮으나 장기간의 입원생활로 욕창, 폐렴, 폐혈증 등의 합병증이나 수술로 인한 합병증으로 사망률이 높다. 뼈가 부러진지 1년 이내에 4명 중 1명이 사망하게 되고 4명 중에 1명은 치료 후에도 일상생활을 유지하기 어려워 돌보는 간병인 없이는 살수 없게 된다.

4. 골다공증의 예방과 치료방법

골다공증은 주로 60~70대에 나타나는 질병이기는 하지만, 이를 예방하기 위해서는 일찍부터 신경을 써야 한다. 특히, 청소년기나 성인초기에 적당한 칼슘과 비타민 D를 섭취하는 것이 골다공증 예방에 있어서 결정적인 역할을 한다. 즉, 골밀도는 35세를 전후하여 최고를 이루기 때문에 그 전에 골밀도를 높이기 위해서는 칼슘과 비타민 D의 섭취가 필요하다. 그 이후에는 골 형성자체에 대한 영양소의 섭취효과는 감소하지만, 혈청 내 수준을 정상으로 유지시키므로 뼈로부터 칼슘이 용출되지 않게 한다는 의미에서 적절한 영양소의 섭취는 중요하다.

1) 약물요법

칼슘보충제 골다공증 환자나 진행 위험상태에 있거나 정상인이더라도 식이를 통한 칼슘 섭취가 매우 부족한 경우 칼슘제제들이 사용되고 있다. 그러나 현재 많은 여성들이 골다공증의 치료를 위하여 주로 에스트로겐 요법과 칼슘제제를 복용하고 있으나 부작용이 있으므로 칼슘제제를 복용하는 것 보다는 음식을 통하여 칼슘을 보충하는 것이 가장 좋다. 다음 표 8-1에는 시판되고 있는 칼슘보충제들을 소개하고 칼슘함량을 나타내었다.

약물 치료 폐경기 이후 에스트로겐 투여는 골다공증을 예방하는데 가장 효과적이며 뼈의 손실 속도를 늦출 수가 있다. 에스트로겐 투여는 폐경시에 시작하든지 또는 폐경기 후 수년 이내에 실시함으로써 뼈의 손실을 효과적으로 방지할 수 있다. 또한 칼시토닌은 갑상선에서 분비되는 호르몬으로 뼈의 파골세포에 직접 작용하여 파골세포에 의해 야기되는 뼈의 용출을 저해하는 작용 이외에 통증을 완화시킨다.

표 8-1. 시판되고 있는 칼슘 보충제의 칼슘 함량

상 표 명	1정 당 칼슘 함량(mg)
오스칼	500
펄칼크	150
토토스정	299
핼섭	250
그래칼	300
카디본	250
애드칼	150
캘프-본밀(1봉 2.5g)	267

2) 운동요법

무중력 상태에서 장시간 체류한 우주비행사의 뼈는 퇴화되어 약해지는데 인간의 모든 기관은 사용하지 않거나 필요를 느끼지 못하면 퇴화되게 된다. 그렇게 되지 않고 뼈를 튼튼하게 유지하기 위해서는 중력운동을 해야 한다.

그림 8-7에서 처럼 일상생활에서 될 수 있는 대로 많이 걷고, 일주일에 3~4회 정도 테니스나 볼링, 수영, 에어로빅 그리고 자전거와 같은 운동은 뼈에 압력과 같은 자극을 주면 미량의 전기가 발생하여 세포가 자극되어 뼈세포의 생성이 활발해지게 된다. 또한 운동은 뼈를 보호하는데 필요한 호르몬의 분비를 자극하고 뼈에 전기적 자극을 주며 뼈의 성장과 재생을 돕기도 하며 뼈에 혈액 공급을 증가시킨다.

3) 식사요법

육식을 피하자 육식을 하는 사람은 채식가보다도 소변으로 배설되는 칼슘의 양이 많기 때문에 더 많은 칼슘을 섭취해야 한다. 그 이유는 고기 중에 함유된 함황 아미노산에 의해서 소변이 산성으로 변화되며, 이 산성화로 인하여 체내 칼슘이 함께 손실되는 주요 원인으로 작용한다.

칼슘을 충분히 섭취하자 뼈의 성장과 유지에 기본적으로 요구되는 영양소이므로 적절한 칼슘 섭취는 골다공증 환자는 물론 모든 연령층에서 필요하다. 골다공증이 발병될 위험이 높은 사람에게는 하루에 1,500mg의 칼슘(우유 6컵에 포함된 칼슘의 양)을 필요로 하고 골다공증을 방지하기 위해선 적어도 1일 1,000mg의 칼슘을 섭취해야 한다. 칼슘이 많이 함유된 식품은 그림 8-8에 제시하였으며, 칼슘은 우유 및 유제품을 통해서 섭취할 것을 권유하고 있다. 그 이유는 우유에 들어 있는 단백질과 유당 그리고 비타민 D는 칼슘의 흡수를 도와주기 때문이다. 골다공증 환자와 갱년기 여성이 하루에 필요한 양만큼 칼슘을 충족하려면 우유 2잔, 요크르트 1병, 치즈 2장과 다양한 식품으로 구성된 3끼 식사를 섭취하면 된다.

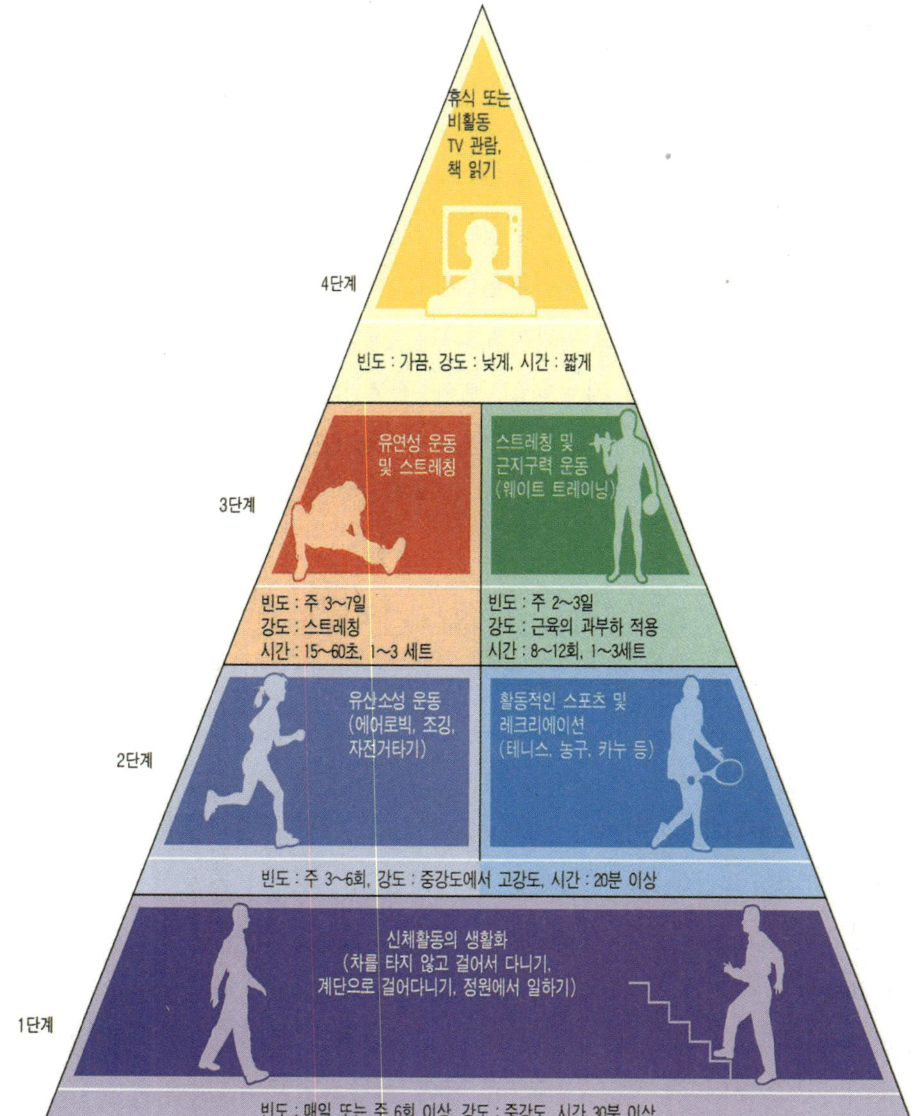

그림 8-7. 신체활동의 피라미드

비타민 D를 섭취하자 비타민 D는 생선, 달걀노른자 및 간에 주로 존재하므로 이들 식품의 섭취가 필요하며, 자외선에 노출 시 피부로부터 형성되므로 산책을 하는 것도 체내 비타민 D 상태를 호전시킬 수 있다. 비타민 D는 소장에서 칼슘흡수를 촉진시키고 골기질에서 수산화인을 석회화 시킨다.

카페인과 알코올 음료를 피하자 칼슘 흡수를 방해하므로 피하는 것이 좋다.

소금을 적게 섭취하자 짜게 먹으면 소변을 통해 칼슘이 많이 빠져나가기 때문에 음식을 싱겁게 먹는 것이 좋다.

불소의 섭취를 적당량하자 불소는 음료수에 첨가하여 충치를 예방하고 뼈를 단단하게 만든다. 또한 불소의 첨가는 골격의 밀도를 높이고 칼슘과 더불어 불화나트륨을 경구투여 하면 골질량을 높인다고 한다.

그림 8-8. 칼슘의 급원식품

자신의 칼슘영양상태는 몇 점인지 알아봅시다.						
칼슘섭취빈도 조사를 통한 칼슘의 영양상태 평가 아래의 각 식품들을 얼마나 자주 드시는지 해당란에 O표 해 주십시오.						
섭취빈도 식품명		매일 (주 5회이상) 5점	자주 (3회이상) 3점	가끔 (주1~2회) 2점	거의 안 먹음 (한달에1회) 1점	전혀 안 먹음 0점
1군	말린멸치					
	양미리					
	뱅어포					
	우유					
	분유					
	치이즈					
	고등어					
	두부					
	미역					
2군	초콜렛					
	곰국					
	흑설탕					
	무					
	콩조림					
	바나나					
	달걀					
	무청					
3군	고구마					
	시금치					
	상치					
	당근					
	딸기					
	건포도					
	사과					

칼슘점수 산출방법 : 1군에 해당하는 식품 3점, 2군에 해당하는 식품 2점, 3군에 해당하는 식품 1점의 가산점을 부여한 다음 각 식품의 섭취빈도에 해당하는 점수 (0~5점)을 각각 곱하여 총점을 산출한다.

평 가 : 불량 : 60점 미만
보통 : 60~80 점(개선의 노력이 필요함)
양호 : 80점 이상

제 9 장 술 · 담배 · 커피와 건강

술을 만들고 마시는 것은 인간의 가장 오래된 관습중의 하나로 술은 칼로리원이나 마취제 · 진정제와 같은 약리효과로서의 기능 이외에도 사람들간의 의사소통이 잘 되도록 만드는 사회적 윤활제로 작용한다. 또 커피는 현대인들이 가장 많이 마시는 기호음료 중의 하나로서 적당히 마시면 각성효과, 소화기능 증진과 이뇨작용을 도와주게 된다. 이렇게 술과 커피의 적정량은 인체와 사회생활에 긍정적인 효과를 주지만, 많이 마시게 되면 개인의 심신과 다른 구성원에게 해를 끼치는 부정적인 면을 동시에 가지고 있다. 또한 담배는 여러 가지 화학성분과 발암물질이 들어 있으므로 폐암을 비롯한 여러 종류의 발암형성의 강력한 원인인자로 작용하고 있으며, 현대 사람들에게서 발생하는 암 중에서 30~40%가 담배 때문이라고 한다. 이들 세 가지 기호품은 중독성이 있으므로 끊기가 힘들고 과할 경우 신체에 돌이킬 수 없는 해악을 끼칠 수가 있다는 공통적인 특징을 갖고 있다. 따라서 이 장에서는 술 · 담배 · 커피가 인체에 미치는 영향과 절제하는 방법에 대하여 살펴보겠다.

1. 술

1) 음주율과 술의 영양가

통계청 자료에 의하면 표 9-1에서 제시한 바와 같이 20세 이상의 성인 남자는 1992년에는 57.9%에 비해 2006년에는 73.2%로 술을 마시는 인구비율이 증가되었다가 2008년에는 68.6%로 다소 감소되었다. 여성의 음주경험율 역시 남자와 마찬가지로 1992년도부터 2006년도까지 증가되었다가 2008년도에는 감소되는 양상을 보였다. 이들 중 주 4회 이상 마시는 사람들이 음주자 10명 중 1명꼴로 나타났다(표 9-2).

마실 때 2차 이상 가는 사람들은 55%가 넘는데, 이것이 우리나라 음주문화의 가장 고질적인 병폐이며 또 13%나 되는 사람들은 항상 3차를 가는 것으로 나타났다. 그 이유를 살펴보면 대부분 헤어지기가 아쉬워서나 분위기를 변화시키려고 그리고 이들 중 일부는 상대방의 강요로 가기도 한다는 것이다. 연령별로 볼 때 20대의 음주비율이 가장 높았으며 이들이 지난해에 마신 술은 1인당 맥주 119병, 소주 79병, 위스키 1.4병, 약주와 청주 4.62병으로 나타났다.

표 9-1. 20세 이상 인구의 음주경험률 추이 (단위 %)

	1986	1992	1995	1998	2006	2008
전체	48.3	57.9	63.1	68.4	73.2	68.6
남자	80.4	84.7	83.0	83.3	85.9	81.8
여자	20.6	33.0	44.6	54.9	61.2	55.5

자료 : 통계청

표 9-2. 음주자의 음주 빈도

음주자	구분	비중
과음자	일주일에 4회이상	11.1
적정 음주자	주 1~2회	26.9
소량 음주자	월 2~3회	30.8

자료 : 통계청

각 술에 함유된 알코올 농도와 영양가는 표 9-3에서 처럼 술의 종류에 따라 다르다. 술로 인한 열량 섭취량을 계산해 보면, 알코올은 1g당 7kcal의 열량을 내므로 알코올 농도가 4%인 맥주를 360㎖(1컵) 마셨다면 약 100kcal의 열량을 섭취한 것이다.

(360×4%=14.4 : 14.4g×7kcal=100kcal)

표 9-3. 술의 알코올 농도와 영양가

술	열량 (kcal)	단백질 (g)	당질 (g)	칼슘 (mg)	인 (mg)	철분 (mg)	비타민 B_1(mg)	비타민 B_2(mg)	비타민 C(mg)	알코올 농도 (%)
생맥주 1컵(500㎖)	190	2.5	15.5	10.0	80.0	0.5	0.0	0.100	0.0	4
캔맥주 1캔(375㎖)	139	1.1	10.5	7.5	67.5	0.0	0.038	0.075	0.0	4
위스키 1잔(30㎖)	70	0.0	0.0	0.0	0.0	0.0	0.0	0.0	0.0	40
소주 1잔(45㎖)	80	0.0	0.0	0.0	0.0	0.0	0.0	0.0	0.0	25
청주 1잔(45㎖)	48	0.3	1.9	0.9	3.6	0.0	0.0	0.0	0.0	16
적포도주 1잔(120㎖)	85	0.24	5.8	8.4	12.0	0.6	0.0	0.012	0.0	12
막걸리 1사발(300㎖)	138	4.8	5.4	18.0	42.0	0.3	0.03	0.09	3.0	5
브랜디 1잔(30㎖)	84	0.0	0.0	0.0	0.0	0.0	0.0	0.0	0.0	40

2) 혈중 알코올 농도와 대사

(1) 알코올의 흡수

술은 식도와 위에서 10% 정도, 나머지 90%는 소장 점막을 통해 혈액으로 흡수된 후 간에서 대사된다. 알코올의 흡수는 여러 가지 요인에 의해 결정된다. 알코올의 흡수는 음주 습관과 같이 먹는 음식과 생리적인 상태에 영향을 받는다. 술에 포함되어 있는 알코올의 농도가 높을수록 더 많은 양의 알코올이 소화기관 내에 축적되고 흡수가 빠르게 일어나며 자주 섭취하면 할수록 더 많은 알코올이 흡수된다. 또한 빠르게 마시면 적은 양을 마시더라도 혈액 내 알코올 농도가 증가하고, 음식과 함께 알코올을 마시면 상대적으로 알코올이 천천히 흡수된다. 같이 섭취하는 음식의 양이 많고 지방과 단백질이 많은 음식일수록 흡수를 지연시키며, 탄산음료와 섞어 마시면 소장으로의 이동이 빨라져 빨리 취하며 피로하거나, 다른 약물을 같이 섭취하면 흡수가 빨리된다. 또한 술에 포함된 알코올 농도도 흡수에 영향을 미치는데 일반적으로 15~30%의 술이 가장 빨리 흡수된다. 흔히 마시는 폭탄주의 경우 알코올 함유량이 낮은 맥주(4~5%)와 높은 양주(30%)가 섞여 가장 흡수되기 좋은 상태가 되므로 각각의 술을 따로 마시는 경우에 비해서 쉽게 취하므로 주의해야 한다. 혈중 알코올 농도와 그에 따른 취한 상태는 일반적으로 표 9-4에 제시된 바와 같이 일곱 단계로 분류한다.

(2) 알코올의 대사

체내에서 흡수된 알코올은 폐, 소변, 땀으로 10% 정도 배설되며, 90%는 간에서 대사되고 산화된다. 알코올의 대사과정을 살펴보면, 우선 간에서 아세트알데히드로 분해된 다음 다시 신체에는 해가 없는 아세트산으로 산화된 다음 열량을 내고 물과 이산화탄소로 분해된다(그림 9-1). 이때 각 단계의 반응을 촉매하기 위해서 NAD^+를 조효소로 필요로 하고 그 결과 환원형의 NADH가 생성되어 간조직에 축적됨에 따라 체내 지질대사에 영향을 미쳐서 알코올성 지방간이 형성된다. 이외에도 알코올의 중간대사 산물인 아세트알데히드는 숙취의 원인물질로서 적절히 대사되지 못하고 체내에 축척되면 얼굴의 홍조현상 · 오심 · 구토 · 혈압저하 · 맥박저하 · 쇼크 등의 증상이 나타난다. 산화율은 건강한 성인에서는 평균 시간당 소주 3/4잔 정도이며, 이 과정 중 에너지가 생기므로 술을 많이 마시는 사람은 영양에 소홀하게 된다.

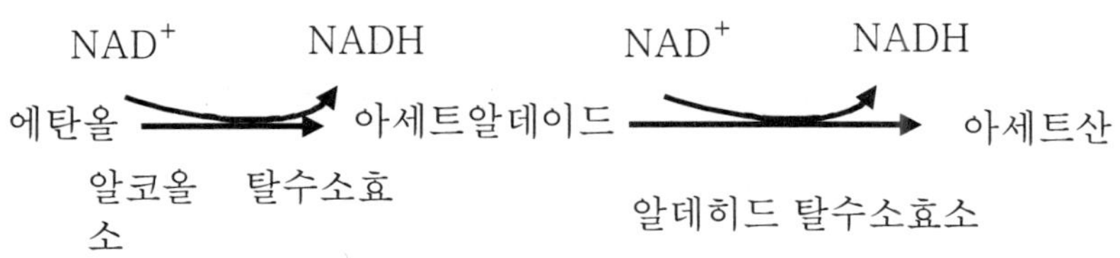

그림 9-1. 술의 체내 대사경로

3) 술이 영양상태에 미치는 영향

식사는 제대로 하지 않으면서 술을 많이 마시면 술로서 상당량의 에너지를 섭취하게 되므로 식품을 통한 에너지 섭취가 감소할 뿐만 아니라 특히 문제가 되는 것이 비타민 B 복합체나 엽산 및 철분이나 칼슘과 같은 무기질 섭취량이 상당히 감소하므로 일차적인 영양부족이 초래될 수 있다. 그러나 평소와 같은 정상적인 식사를 하면서 술을 마시게 되면 열량의 과잉섭취로 인해 비만, 특히 복부비만이 초래되기 쉽다. 뿐만 아니라 알코올 섭취는 알코올 자체나 대사산물의 독성으로 인해 소화기계에 이상을 초래하여 영양소의 소화 · 흡수 저하나 소모 · 배설량을 증가시켜서 이차적 영양소 결핍이 초래된다. 실제로 만성적인 음주자에게 설사현상과 담즙산의 분비량이 감소되어 지용성 영양소의 흡수가 저하되며 소변량이 많아져서 소변을 통한 영양소 배설이 증가되는 현상이 나타난다.

따라서 알코올 중독자의 경우 비타민 B_1, B_2 및 B_6, 엽산 등의 수용성 비타민과 비타민 A 그리고 무기질 중에서는 아연, 마그네슘 및 철분의 결핍증상을 보이는 것으로 알려져 있다.

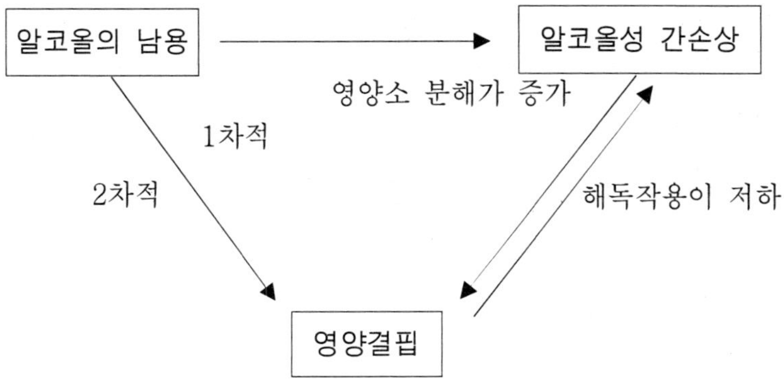

그림 9-2. 알코올에 의한 영양불량

표 9-4. 음주량, 혈중 알코올 농도, 행동의 변화

음 주 량	혈중 알코올 농 도(%)	제거소요 시 간	심신상태
소주 2잔 병맥주 큰 0.5~1병 위스키 1잔	0.02~0.04	2	두드러진 변화는 없고 약간 기분이 좋다.
소주 3잔 병맥주 큰 1~2병 위스키 2~3잔	0.05~0.07	4~5	이완감, 푸근한 느낌, 자극에 대한 반응성 약간 저하, 민첩한 근육운동이 안됨
소주 5잔 병맥주 큰 2~3병 위스키 5잔	0.08~0.10	8~10	식별능력 저하, 어두운 곳에서 반응저하, 주의력 감퇴, 상당히 취한 상태
소주 7잔 병맥주 큰 4~5병 위스키 6~8잔	0.10	12	균형감각 상실, 정신활동력 저하, 행동적으로 과격해지며, 수족의 동작이 원활하지 못함
소주 10~14잔 병맥주 큰 6~8명 위스키 8~10잔	0.20~0.30	20	술을 엎지르고 제대로 앉아 있기가 어려우며 보행시 비틀거림, 운동조절능력 상실, 정신활동 교란
소주 20잔 병맥주 10명 내외 위스키 1병	0.40	36	보행 및 탈의 등에 타인의 도움을 필요로 함. 절규 및 광란을 연출
소주 21잔 이상 병맥주 12병 이상 위스키 1병 이상	0.50	36 이상	의식을 잃음, 호흡부전으로 사망의 가능성 있음

혈중 알코올 농도=(알코올 농도×마신부피(㎖)×0.8)÷(체중×0.6×1,000)

4) 술이 건강에 미치는 영향

간질환 간은 과도한 약물, 오염에 찌든 음식, 지나치게 조미료를 많이 친 음식, 매일 마시는 술 등을 처리하는 장소로 여러 종류의 스트레스에 의해 부담을 받는 장소이다. 장기간 지방간을 시작으로 하여 알코올성 간염 및 간경변 등을 포함한 간질환을 일으키며 특히 우리나라 40대 이후 남성의 사망 원인의 주요인자로 작용하고 있다. 이때 자주 마시는 술이 폭음 보다 간에 더 치명적인 것으로 알려졌는데 매일 소주 1잔 또는 맥주 1,000㎖를 며칠만 마셔도 지방간이 된다고 한다. 통계적으로 볼 때 만성 과음자의 약 90%가 지방간 증상을 보이며, 10~35%는 알코올성 간염 그리고 10~20%는 알코올성 간경화증으로 발전하여 사망하게 된다.

위장질환 술은 위산분비, 위 점막변화, 음식물의 위 통과시간 및 위의 생리학적 변화를 일으켜 식욕부진, 위통, 영양결핍을 일으킨다. 특히 양주를 스트레이트로 마시거나 스트레스를 받아서 먹는 홧술은 위에 아주 치명적이 되며 위궤양이나 위염을 일으킬 수 있다. 술을 마시고 난 뒤 심하게 토하면 나중에 붉은 피를 토하는 수도 있는데, 이것은 식도나 위장의 상처가 난 것이다. 그리고 술을 자주 마시면 소화효소액의 분비 저하로 인한 지질과 단백질의 소화저하와 장점막이 손상되면 지질, 비타민 B_{12}, 엽산의 영양소 흡수가 저하되어 악성빈혈과 거대적아구성 빈혈을 유발하기도 한다.

심혈관계 질환 술을 오랫동안 마시면 맥박이 빨라지고 숨이 가쁘며 혈액순환에 장애가 생겨 심장질환 · 관상동맥질환 · 부정맥 등을 유발하는 것으로 알려져 있다. 그러나 하루에 2~3잔의 술은 체내 HDL-콜레스테롤 농도를 증가시켜 동맥경화나 혈관계 질환에 대하여 보호작용을 나타낸다고 는 하지만, 혈압이 높은 중년 이후의 사람들은 가능한 한 알코올 섭취량을 줄여야 하는 것이 바람직하다.

생식기능 저하 상습적인 남성 음주자는 흔히 성욕감퇴를 경험하며 알코올 중독자의 경우에는 성기능부전의 특징인 여성형 유방, 성형혈관증, 고환위축증, 수염의 소실 등이 나타난다.

5) 술과 여성

오늘날 우리나라 여성의 음주율은 남성에 비해 월등하게 낮은 것이 사실이지만 과거에 비하면 급격하게 상승하는 추세를 보이고 있고 젊은 연령층의 음주도 점차 늘어나고 있다. 그래서 앞으로 여성의 음주는 여성 본인의 문제가 될 뿐만 아니라 가정적 그리고 사회적 문제를 일으킬 가능성이 매우 높다.

술에 대해서 여자와 남자는 다른 차이점을 가지고 있다. 우선 여성은 신체구조나 대사능력이 남성과는 다르다. 남성에 비해 술을 분해하는 효소인 아세트알데히드 탈수소효소의 활성이 낮으므로 술에 대한 내성이 낮다. 또한 알코올이 체내에 들어가면 지방조직에 스며들기 때문에 지방이 많은 여성은 상대적으로 알코올의 제거시간이 늦어져 혈중 알코올 농도가 높아지므로 쉽게 취하고 신체의 피로가 쉽게 온다. 한 연구에 의하면 여자가 남자보다 술에 빨리 취하며 더 짧은 기간 동안 마셔도 간경화에 걸릴 위험이 더 높다고 밝혔다. 유방암, 생리불순, 성기능 부전, 조기폐경, 간질환이나 골다공증 그리고 임신부의 경우 유산이나 비정상적인 아기를 출산할 확률이 높다.

임신부가 술을 마시고 담배를 피우면 아기가 나중에 '주의력 결핍과 과잉 행동장애(attention-deficit/hyperactivity disorder=ADHD)'를 앓게 될 가능성이 2배 이상 높아질 수 있다는 것이다. ADHD로 진단된 어린이들은 정상어린이와 비교할 때 모체의 자궁속에서 담배에 노출됐을 가능성은 2.1배 그리고 술에 노출됐을 가능성은 2.5배 높은 것으로 각각 나타났다. ADHD는 충동적 행동, 주의력 결핍, 학습과 행동 장애 등을 일으키며 학령기 아동들의 5%가 ADHD를 보이는 것으로 추계되고 있다. 그리고 이 증상은 남자 어린이쪽이 여자 어린이쪽보다 4배나 많은 것으로 나타났다. 또 비정상적으로 몸집과 머리가 작고 심장에 이상이 있는 기형아인 '태아알코올증후군'을 가진 아기가 태어나는데, 이렇게 태어난 아이들은 성장하면서 알코올 중독증이 되기 쉽기 때문에 사회적인 문제로 대두되고 있다.

6) 나를 지켜주는 음주 수칙

(1) 과음 · 폭음을 피하라

과음과 폭음은 각종 간질환, 위장병, 심장질환 뿐만 아니라 뇌세포를 파괴하는 정신적 손상으로 자제력이 상실되어 가족과 대인간의 피해를 주기도 하고 사회생활에 치명적인 결과를 낳기도 한다.

(2) 첫잔은 오래, 그리고 천천히 마셔라

첫잔을 농도 높은 술로 단숨에 마시면 위염이나 위점막의 출혈과 혈중 알코올 농도를 급속히 높여 심할 경우 중추신경과 호흡중추를 빠르게 마비시켜 사망에 까지 이를 수도 있다. 첫잔은 농도가 낮은 술부터 천천히 마실 것을 권한다.

(3) 거절하고 싶을 때는 거절하라

술을 더 마실것인가 그만 마실것인가는 나의 결정에 달려 있다. 아무리 약한 술이라도 더 이상 마시고 싶지 않을 때는 거절하라

(4) 안주를 잘 먹으면서 마셔라

술은 공복에 마시면 알코올 흡수 속도가 빨라지고 혈중 알코올 농도가 급속히 상승하고 위점막에 자극을 준다. 그러나 고단백질이 함유된 안주는 간에서 알코올 해독에 도움을 주고 안주를 많이 먹게 되면 음주의 양이 줄어들게 되어 일석이조의 효과가 있다.

(5) 술 마시며 피는 담배는 독이다

니코틴은 알코올에 잘 용해되므로 술 마실 때 담배까지 피우면 술이 더 빨리 취하고 녹초가 된다. 니코틴 외에도 담배에 포함된 각종 유해물

질과 발암물질이 알코올에 용해되어 알코올로 인해 저항력과 암 발생 억제력이 감소된 몸을 공격하므로 암에 걸릴 확률이 높다.

(6) 대화를 안주 삼아 마셔라

혼자서 술을 마시는 것은 속도가 빨라지고 양도 많이 마시게 되며, 특히 기분이 나쁠 때는 주로 혼자 술을 마시게 되는데 그만큼 빨리 취하게 되고 감정이 격앙되어 좋지 않은 결과를 유발하기도 한다. 여러 사람과 즐거운 대화를 나누며 마시면 대화하는 동안 덜 마시게 되고 기분도 좋게 되어 몸과 마음이 상하는 것을 막을 수도 있다.

(7) 무리하게 술을 권하지 마라

술자리에서는 다른 사람의 의견을 존중하고 술을 억지로 강요하지 말아야 한다. 사람마다 그날 컨디션과 상황, 주량 등이 다 같을 수 없기 때문이다. 지나친 강요는 결국 상대방의 생활 리듬과 건강을 훼손시키고 가정에 문제를 야기시키는 등 해만 끼칠 따름이다.

(8) 술이 세다고 자만하지 마라

술은 마실수록 늘기는 하지만 알코올 저항력이 높아지는 것은 아니다. 술이 세다고 자랑하는 사람들 중 술에서는 강한 체질이 있긴 하지만 엄청난 알코올에 끄떡없는 '슈퍼간'은 없다. 술 앞에 겸손하라.

(9) 간을 쉬게 해라

간이 분해할 수 없을 정도로 많은 알코올을 섭취하면 아세트알데하이드가 분해되지 않고 간에 남아 간 조직을 자극하거나 지방분을 쌓이게 하여 간질환을 야기시킨다. 과음했다 싶으면 2~3일 정도는 절대로 술을 마시지 말고 간에 쌓인 지방분이 해독 되도록 해야 한다. 만일 쉬지 않고 계속 마시면 지방간에서 알코올성 간염, 간경변, 간암으로 발전하게 된다.

(10) 약과 함께 절대 마시지 마라

약을 복용하면서 술을 마시면 간은 약과 알코올 두 가지를 동시에 대사해야만 한다. 알코올이 간에 들어오면 알코올은 우선적으로 분해되므로 자연히 약의 분해가 늦어져 혈중에 오래 정체하기 때문에 약의 부작용이 나타난다.

(11) 체질을 알고 마시자

술은 무턱대고 마실게 아니라 자신의 체질을 알고 마셔야 한다. 남들과 맞추려다 간을 망가뜨리기 십상이다. 드링크만 마셔도 취하는 사람은 술이 받지 않는 체질이다. 술이 세지려고 노력하는 것은 어리석은 짓이다. 자꾸 마시다 보면 주량은 늘지만 그만큼 아세트알데하이드도 증가하여 간이 상하게 된다. 조금만 마셔도 숨이 가쁘고 얼굴이 붉어지는 사람 역시 알코올 가수분해에 문제가 있는 사람이므로 조금이라도 지나치게 마시면 위험할 수도 있다.

(12) 음주 후 스포츠는 위험하다

술을 마시고 스키 등의 격렬한 스포츠를 하는 것은 위험하다. 술을 마시면 반사신경과 판단력이 둔해져 상처를 입거나 남을 다치게 할 수도 있고 취한 상태에서의 수영도 심장에 이중 부담을 주어 심하면 사망에 이르는 경우도 있다. 또 술에 취한 채로 사우나를 한다든가 사우나를 하며 술을 마시는 것 역시 매우 위험하므로 피해야 한다.

알코올 중독증에 대하여 알아봅시다

일반적으로 자신에게 허용되는 양 이상의 음주를 하여 개인의 건강 또는 사회적 및 직업적 기능에 장애가 발생했음에도 불구하고 음주를 계속하는 경우를 '알코올 중독'이라 한다. 우리나라에는 약 100~200만 명의 알코올 중독자가 있는 것으로 추산되며 대부분 30-40대 남자들 인 것으로 보고되었다.

알코올 중독 선별 검사

최근 6개월 동안 당신의 생활에서 해당되는 사항에 0표 하시오
아래 중 4가지 이상에 해당되면 알코올 중독의 가능성이 높으므로 전문의와 상의하시오.

- 자기연민에 잘 빠지며 술로 이를 해결하려 한다.
- 혼자 술 마시는 것을 좋아한다.
- 술 마신 다음날 해장술을 마신다.
- 취기가 오르면 계속 술을 마시고 싶은 생각이 지배적이다.
- 술을 마시고 싶은 충동이 일어나면 거의 참을 수 없다.
- 최근에 취중의 일을 기억하지 못하는 경우가 있다(2회/6개월).
- 대인관계나 사회생활에 술이 해로웠다고 느낀다.
- 술로 인해 직업기능에 상당한 손상이 있다.
- 술로 인해 배우자가 떠났거나 떠난다고 위협한다.
- 술이 깨면 진땀, 손 떨림, 불안이나 좌절 혹은 불면을 경험한다.
- 술이 깨면서 공포나 몸이 심하게 떨리는 것을 경험하거나 혹은 헛것을 보거나 헛소리를 들은 적이 있다.
- 술로 인해 생긴 문제로 치료받은 적이 있다.

국립서울정신병원형 알코올중독 선별검사(NAST)

2. 담배

1) 흡연율과 담배연기의 성분

2010년 보건복지부의 자료에 의하면 성인 20세 이상의 흡연율을 조사한 결과(표 9-5, 9-6), 남성중에서 40~49세의 연령층과 여성 중에서 30~39세 연령층을 제외한 나머지 연령층에서는 흡연율이 감소되는 바람직한 현상을 보였다. 연령별로 살펴보면, 2010년 20세~29세의 성인남자 흡연율은 40.9%로 2001년에 비해 약 36.4%가 감소 되었으며 30~39세 흡연율은 2010년에 52.2%로 2001년에 비해 26.4%가 감소하였다. 여성의 흡연율도 남자의 흡연율의 경향과 비슷한 경향으로 나타났다.

한국금연운동협의회에서 발표한 중 · 고등학생의 흡연율(표 9-7)은 중학교에서 남학생은 2000년까지 증가하다가 2005년에는 많이 감소되었으나 2008년도에는 다시 증가된 양상을 보였고, 여학생은 2005년까지 증가한 후에 2008년에 크게 감소되었다. 고등학교에서는 남학생의 경우에는 2005년 15.7%에서 2008년 18.1% 증가된 반면에, 여학생 경우에는 2005년 6.5%에서 2008년 3.5%로 큰 감소를 보였다.

그러나 건강에 많은 주의를 기울여야 하는 40대 이상의 인구와 가장 사회적으로 활동적인 연령층인 20대와 30대의 흡연인구는 더 줄어야 하며, 여성 흡연율은 감소되는 추세로 다행스러운 일로 여겨진다.

표 9-5. 20세 이상 남성 흡연율

년도 / 연령	1985	1992	1999	2000	2001	2005	2010
20~29	71.6	82.1	70.4	67.3	77.3	59.4	40.9
30~39	74.7	75.4	71.3	71.3	78.6	57.2	52.2
40~49	71.2	73.1	65.2	67.8	69.5	50.4	63.4
50~59	69.2	62.7	51.9	55.6	62.1	43.7	31.3
60 +	66.3	72.0	44.4	67.6	43.7	31.1	23.2

자료: 보건복지부(2010).

표 9-6. 20세 이상 여성 흡연율

년 도 / 연 령	1980	1985	1992	1999	2000	2001	2005	2010
20~29	1.3	1.3	3.8	4.8	5.7	5.3	4.9	5.8
30~39	2.7	1.7	3.9	3.2	2.0	2.1	1.9	2.1
40~49	9.2	4.1	3.7	2.8	1.1	2.6	3.0	0.9
50~59	28.4	16.4	6.0	4.8	2.4	1.7	1.0	0.8
60 +	47.2	31.1	12.1	10.4	0	3.4	4.3	1.8

자료: 보건복지부(2010).

표 9-7. 중 · 고등학교의 흡연율 변화

년 도 / 연 령		1991	1995	2000	2005	2008
중학교	남	3.2	3.8	7.4	4.2	5.7
	여	1.2	2.6	3.2	3.3	2.2
고등학교	남	32.2	26.1	27.6	15.7	18.1
	여	2.4	4.7	10.7	6.5	3.5

자료: 한국금연운동협의회(2010).

담배의 성분은 그림 9-3에서 처럼 물, 니코틴, 기타 알칼로이드, 타르를 비롯하여 약 4천여 종의 화학물질을 함유하며 이들 중 벤조피렌과 니트로자겐을 포함한 40여종의 발암물질이 사람들의 질병 제공자로 작용하고 있다. 담배연기의 독성물질은 전신에 흡수되어서 질병을 일으키거나 산화 가스에 의한 국소 폐 손상을 일으킬 수 있다. 특히 발암물질은 흡연자의 연기 이외에 담배 끝에서 타는 연기 속에 더 높은 농도로 존재하므로 주변 사람에게 큰 피해를 준다. 또 담배의 니코틴은 자체적으로는 발암성이 없으나 발암성이 있는 물질로 대사되며 중독성 물질인 것으로 알려져 있다.

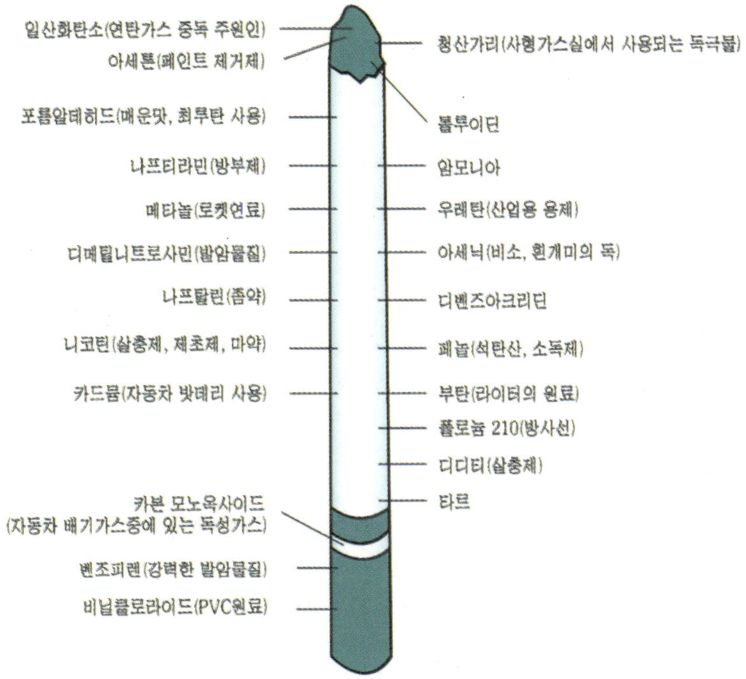

그림 9-3. 담배 연기속의 암을 일으키는 물질

2) 담배가 건강에 미치는 영향

담배는 사람을 빨리 늙게 한다. 보통 담배 한 개비에 약 6분 정도 수명이 짧아지므로 하루 한 갑의 담배를 피우면 하루에 2시간씩 수명을 단축시키는 것으로 나타났다. 그래서 흡연자는 비흡연자에 비하여 평균 5-8년이나 수명이 단축되고 다음과 같은 증상과 질환을 보이게 된다.

담배를 피우는 사람에게서 나타나는 일반적인 증상과 질환

- 더 자주 피로를 느낀다.
- 더 자주 불면증에 시달린다.
- 감기도 더 자주 걸리고, 일단 걸리면 더 오래 앓는다.
- 직장의 결근율도 높다.
- 정밀작업에 부적합하다.

- 잇몸병도 더 많고 입에서 냄새가 난다.
- 성욕의 감퇴가 더 일찍 온다.
- 소화불량도 더 많다.
- 폐활량이 적다.
- 주위가 항상 불결하다.

폐질환 담배를 오래 피우면 폐포와 혈관이 손상을 입고 폐가 파괴된다. 파괴된 폐는 우리 몸에 필요한 산소를 공급하는 본래의 기능을 하지 못하게 되고 조금만 운동을 해도 숨이 차고 객담이 생기게 되며 심한 경우 그림 9-4에서 처럼 흰덩어리 모양의 폐암과 폐기종을 일으키게 된다. 폐암 발생 위험은 하루의 흡연량과 흡연 기간 그리고 연기를 들이마시는 정도에 직접적으로 비례하여 높아진다. 통계에 의하면 만성 폐쇄성 폐질환으로 인한 사망 중에서 81.5%가 흡연에 의해 생긴다고 하며 사망률은 흡연자가 비흡연자 보다 약 10배 높다고 한다.

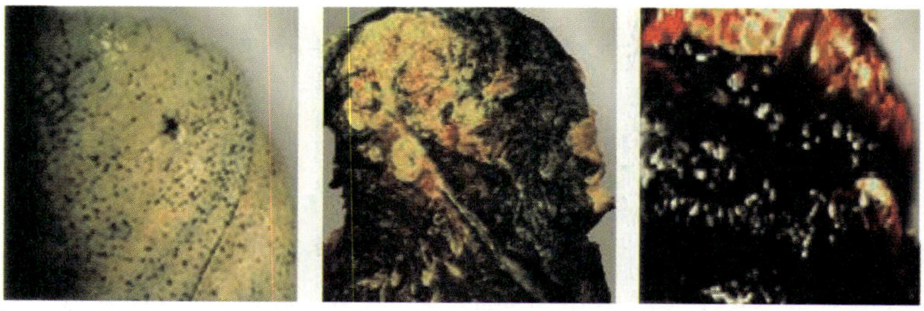

그림 9-4. 도시인의 정상적인 폐와 흡연으로 인해 폐질환

동맥경화 담배 연기 속에 있는 니코틴과 일산화탄소와 같은 독성 가스가 혈액에 녹아 혈관을 지나가면서 혈관벽에 손상을 주고 여기에 콜레스테롤의 침착을 촉진시켜서 동맥경화를 유도하는 것으로 보고 있다. 그 결과 심장과 뇌혈관계 질환을 일으키게 된다. 흡연자의 경우 비흡연자에 비해 심혈관계 질환에 위험이 60~70% 더 크며, 하루에 한 갑 이상 담배를 피운 평균 40~59세의 남성에서 심혈관계 질환의 위험도는 2.5배이며 이 위험도는 흡연량에 비례한다.

버거스씨병 젊은 사람에게서 교통사고가 아닌 질병으로 손발을 절단하게 되는 경우가 있는데, 그 대표적인 것이 담배 때문에 생기는 폐쇄성 혈전 혈관염이라고도 부르는 버거스씨병이다. 이 병은 그림 9-5에서 처럼 다리나 발에 있는 작은 혈관과 중간 크기의 혈관에 염증이 생기고 혈전으로 막혀 그 이하 부위에 피가 공급되지 못해 괴사 즉 썩게 되는 무서운 병이다. 초기에는 화끈거리는 느낌이나 마비, 저린 증상이 생기고 심해지면 만성적인 혈관염증과 괴사가 진행되고, 조직의 파괴가 심해지면 결국 손발의 괴사된 부위를 절단해야 만 한다. 이 병은 20세에서 40세 사이에 잘 생기므로 35세 이하의 젊은 나이에 손발을 절단하는 원인 중에서 1/4이 버거스씨병 때문이다. 주로 담배를 일찍부터 피우고 중독이 심한 경우 그리고 남성에게 잘 생기는 이 병은 여성 흡연이 늘어나면서 여성에게도 가끔씩 발병한다. 담배를 끊으면 증상이 좋아지고 병이 치료되지만 중독이 심하여 손발을 잘라 내고도 담배를 끊지 못하는 사람이 많다. 계속 담배를 피우면 내장혈관이 막혀 내장 괴사가 생기기도 한다.

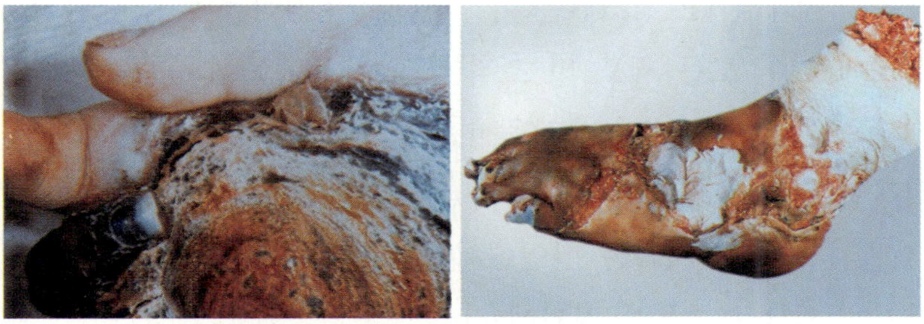

그림 9-5. 흡연에 의한 손과 발의 버거스씨병

기타 역류성 식도염과 위산 분비 증가, 췌장의 중탄산염 분비 감소 그리고 위점막 혈류를 감소시켜서 십이지장 및 위궤양 위험을 증가시키며 궤양 치유 속도를 늦추고, 궤양 치료 후의 재발 위험을 증가 시킨다. 또한 흡연은 초기 성인기에 도달하는 최대 골량을 감소시키고, 후기 성인기에 골 소실률을 증가 시킨다는 점에서 골다공증의 위험요인이다. 이외에도 구강암, 췌장암, 방광암, 신장암, 자궁경부암의 발생률을 증가시키고 있다.

3) 청소년과 흡연

청소년이 흡연을 하는 이유는 고등학생의 경우, 처음 흡연을 하게 된 동기로는 '호기심으로'가 31.3%로 가장 많고, 다음 26.1%가 '친구와 어울리기 위해서', 나머지는 멋진 폼을 연출하고 싶거나 고민이나 스트레스 해소용 그리고 어른에 대한 동경심에 의한 것으로 나타났다. 그리나 문제는 사회 전체적으로 흡연을 용납하고 인정하는 분위기이고, 청소년 스스로도 담배의 유해성을 알면서도 담배를 피우고 이런 청소년들이 나이가 들면서 담배의 독에 대해 무감각해지는 경향이 있음을 보이고 있다는 것이다. 뿐만 아니라 미래의 고객확보라는 차원에서 청소년과 젊은 여성 들을 주 대상으로 한 담배 광고 및 판촉도 사회적인 큰 문제라고 볼 수 있다. 그러나 청소년 시기에 흡연을 시작할 경우 몇 가지 문제점이 대두된다.

첫째, 청소년 시절의 흡연은 건강에 더욱 해롭고 성인기의 건강에 까지 영향을 미치게 된다. 청소년은 아직 신체적 · 정신적 발육이 완성되지 않은 상태에 있어 모든 세포 및 조직이 약하기 때문에 흡연을 할 경우 피해가 더욱 심하다. 그래서 폐암을 비롯하여 심장병과 호흡기계질환 등의 직접적인 원인으로 육체적 건강에 결정적인 영향을 끼치게 된다. 둘째, 청소년기의 흡연 시작은 성인에서의 시작보다 니코틴 중독증에 더 깊게 빠지게 되므로 중독성 질환에 걸리게 된다. 셋째, 청소년기의 흡연의 용납은 다음 단계에서의 청소년 범죄로 연결된다. 청소년기 흡연의 용납은 곧 사회규범에서 첫 이탈행위를 용인하는 것이므로 다음 단계로 쉽게 이행될 수가 있다. 넷째, 흡연은 청소년의 정서적 · 사회적 측면에 모두 심각한 영향을 끼치게 된다. 흡연은 청소년의 불안한 심리와 비행에 연관되어 있기 때문에 정신건강에 해로울 뿐 아니라 사회적 차원까지로 문제가 파급될 수 있다. 또한 지적으로나 정서적으로 성장기에 흡연으로 인한 저산소증은 두뇌활동에도 좋지 않은 영향을 끼쳐 사고 능력과 의욕을 감퇴시키게 되므로 청소년의 흡연을 막아야겠다.

4) 여성과 흡연

우리나라를 위시한 개발도상국가에서 여성 흡연율의 급속한 증가는 그 피해가 우려할 정도로 크게 나타날 것으로 예상한다. 여성이 담배를 피우는 이유는 남녀평등을 주장하는 여성들 중에서 담배는 결코 남자들만의 소유물이 아니라는 것을 보여주기 위해서 의식적으로 담배를 피우는 것 같다고 한다.

최근의 연구 결과들은 한결같이 여성들이 입는 담배로 인한 피해는 남성보다 더 크다는 것을 보여주고 있다. 예를 들어 남성과 동일한 양의 담배를 피워도 여성의 폐암 발생률은 남성에 비해 무려 2.3 배나 높다는 것이다. 그 이유에 대해서는 첫째, 여자는 남자보다 체중이나 체용적이 작기 때문에 같은 양의 담배를 피워도 피해를 더 받는다는 가설이다. 둘째, 여성은 생리학적으로 남성에 비해 독성물질에 대한 감수성 또는 저항성이 낮을지 모른다는 설명이다. 셋째, 암의 발생위험이 더 높은 것으로 보아 암 발생을 억제하는 유전자의 활성도가 여성이 더 낮다는 것을 의미할 수도 있다는 것이다.

그리고 담배 속의 니코틴 중독력은 코카인이나 모르핀과 거의 비슷할 정도로 강력하므로 담배 끊기를 시도한 사람의 3~5% 만이 담배를 끊는데 성공하는데, 여성이 담배를 끊는 것은 남성보다 더 힘들다는 것이 밝혀졌다. 그 이유는 여성들은 생리적으로 배란일부터 생리가 일어나는 기간 동안에 담배를 끊는다는 것은 거의 불가능하며, 심리적으로 여성이 담배로 인한 즐거움에 대한 의존성이 남성보다 더 강하기 때문인 것으로 알려졌다.

최근 들어서 문제가 되고 있는 것이 임산부의 흡연이다. 흡연 산모의 영아는 비흡연 산모의 영아보다 조기 분만과 영아돌연사증후군으로 사망할 위험이 높으며, 설사 태어난다 하더라도 재태기간에 비해 체중이 낮은 저체중아나 생후 몇 년 이내에 발달 지체를 가지는 것 같다. 이는 니코틴의 혈관수축 효과에 의한 태반 허혈, 만성 일산화탄소 노출에 의한 저산소 효과, 흡연에 의한 응고성의 전반적인 증가 등이 태아에 영향

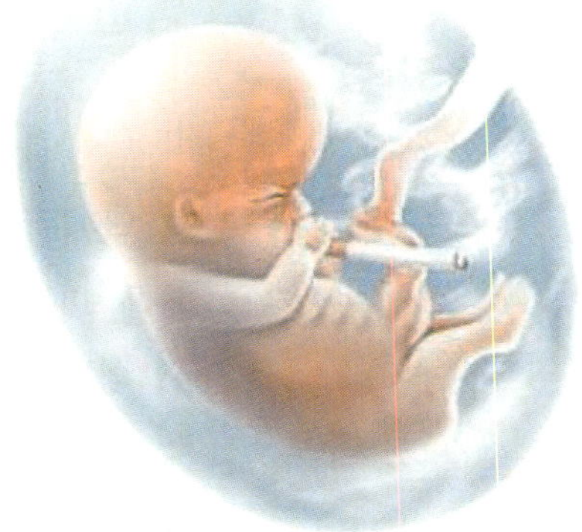

그림 9-6. 담배를 피우는 태아

을 미치기 때문이다. 최근 미국에서의 연구에 의하면 담배를 피운 산모가 막 출산한 아기의 소변 속에서 담배 때문에 생긴 발암물질을 검출할 수 있었으며 이러한 사실은 아기가 성장하는 과정에서 어떤 병에 걸릴 가능성이 아주 높다는 것을 의미한다. 만일 병에 걸리지 않더라도 커서 몸이 약하고, 발육이 덜 되고, 학교에서의 성적도 나쁜 경우가 많으며 자폐증에 걸릴 확률이 높다고 한다. 앞으로 금연할 능력이 없는 여자는 법적으로 임신하지 못하게 해야 한다는 의견까지 나오고 있으나 흡연하는 여성이 임신한 후 담배를 끊는 비율은 27%에 불과하다고 한다. 임신 중에 흡연하거나 자녀의 양육 중에 흡연하는 경우는 범죄로 취급하여 처벌해야 한다고 주장하는 사람들도 차츰 많아지고 있다.

이외에도 수유중에 담배를 피우는 경우 산모의 젖 속에서도 담배의 부산물이 발견되고 있어, 젖을 통해서도 담배의 독성물질이 아기에게 전달되고 있고, 또한 어머니가 피우는 담배연기를 간접적으로 호흡함으로서 독성물질이 아기의 몸에 들어가게 된다. 아기의 몸은 아직 충분히 발육되지 못하여 대단히 부드럽고 약하여 어른이 담배의 독성물질에 노출되는 것보다 아기는 더욱 큰 피해를 입게 된다.

그리고 담배를 피우는 여성 대부분이 피부가 약하고 둔하게 되고 주름살이 잘 생기게 되고 치아가 누렇게 되면서 밥맛을 없게 하고 냄새를 못 맡게 한다. 담배 속의 니코틴은 혈액 속의 아드레날린 수준을 높이게 되고 이에 따라 혈관의 수축으로 체내의 혈액순환이 잘 안되기 때문에 피부표면까지 적당한 습기가 분배되지 못하여 피부가 건조하고 거칠어진다. 또 담배 연기도 얼굴 피부를 건조시키는 작용을 하며 연기 속에 포함되어 있는 각종 화학성분들도 피부를 자극하여 얼굴을 흉하게 만든다.

5) 영양과 흡연

담배를 피우면 입맛의 변화가 생기고 이는 일상적인 식품의 선택과 섭취량에 영향을 주고 또 담배 속에 포함되어 있는 성분에 의해서 영양소 대사에 변화가 있을 수 있다. 대체로 흡연자들은 비흡연자들에 비해 아침 결식률이 높고 식습관도 나쁘며 대부분 포화지방, 콜레스테롤, 알코올, 커피의 섭취량은 높고 비타민과 무기질 섭취량은 낮다.

그러나 흡연자들에게서 가장 문제가 되는 것은 그림 9-7에서 처럼 담배 연기를 비롯하여 담배 내 각종 자극성 물질 속에는 세포막의 지질 과산화를 일으키는 자유기(free radical)나 활성산소가 많이 함유되어 있어서 지속적인 흡연은 인체의 세포막을 손상시키고 면역력을 낮추어 발암 가능성을 높인다. 그리고 채소와 과일 같은 식물성 식품의 섭취가 적은 흡연자에서 폐암의 위험이 증가된다고 한다. 이와 관련하여 식물성 식품에 많이 포함되어 있는 비타민 C, β-케로틴과 같은 항산화 비타민 영양상태와 폐암과의 관련성이 많이 연구되었다. 흡연자의 경우는 혈액내 비타민 C, β-카로틴이 비흡연자에 비해 낮다는 것이 보고되고 있는데 이러한 항산화 비타민은 담배 연기에 의해 빠르게 분해되기 때문이다.

그러므로 첫째, 항산화 비타민인 비타민 A와 β-카로틴이 녹황색 채소에 풍부하게 들어 있으므로 이들 식품을 공급한다. 둘째, 담배 한 개의 흡연은 체내 비타민 C 25mg 정도를 소비하게 되므로 흡연자는 정상적인 혈청 비타민 C 농도를 유지하기 위해서는 하루 200mg 이상의 비타민 C를 섭취해야 한다. 셋째, 흡연은 조로, 불안, 신경과민, 피곤 등의 신경과민 증상을 일으키는데, 이 때 비타민 B_1을 공급하면 증상을 호전시킬 수 있다. 넷째, 된장에는 단백질 성분인 펩타이드가 들어 있어 니코틴의 독을 풀어주며, 김의 메사이오닌은 독성을 약하게 해 몸 밖으로 배출시키는 역할과 파래는 니코틴을 중화하는데 탁월한 효과를 보이므로 이들 식품의 섭취를 권한다. 그러나 그 보다도 가장 좋은 방법은 담배를 끊는 것이다.

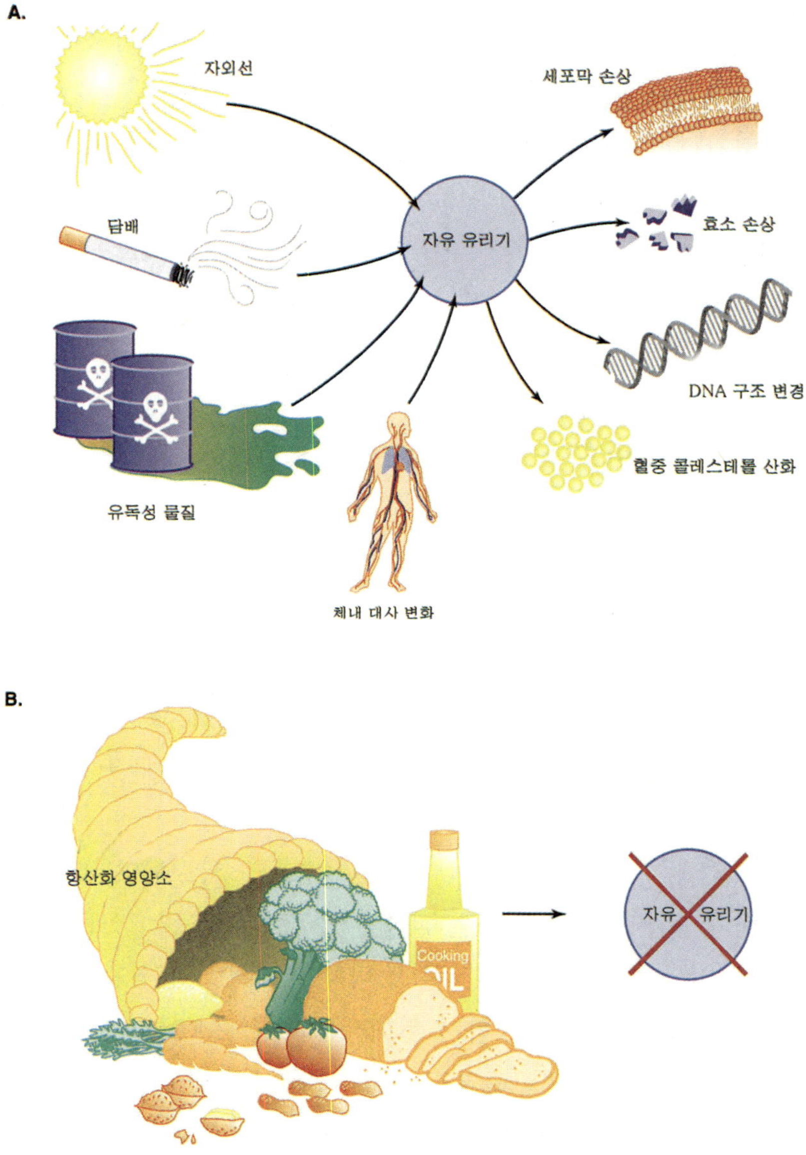

그림 9-7. 지질과산화 반응(A)과 항산화 반응 기전(B)

6) 간접흡연

직접 담배를 피우지 않는 사람이 간접적으로 남이 피우는 담배연기를 마시게 되는 상태를 간접흡연이라 하는데 이처럼 본인 의사에 의해서가 아니라 남의 흡연행동에 의해서 담배연기를 마시게 된다는 뜻에서 이를 수동적 흡연(Involuntary Smoking)이라고 부르기도 한다. 간접적으로 들이 마시는 담배 연기에는 두 가지가 있는데, 하나는 폐속까지 들어갔다 나오는 연기이고 다른 하나는 타고 있는 담배끝에서 나오는 생담배 연기이다. 생담배 연기는 담배속의 모든 독성 · 발암물질을 거르지 않고 그대로 외부로 내보내기 때문에 더 많은 니코틴과 일산화탄소를 포함하고 있어서 독성이 더 강한 것으로 나타났다.

간접흡연에 의한 피해사례로는 태내에서나 생후 부모로부터의 간접흡연에 노출된 아이들은 그렇지 않은 어린이에 비해서 나중에 성인이 되어 각종 질병이나 암에 걸릴 확률과 성장저하 그리고 학습능력이 떨어질 가능성이 높다. 실제 니코틴의 부산물인 코티닌의 혈중농도 검사를 통해 간접흡연 노출 정도를 측정하고 이들의 추리력, 판단력, 산술, 읽기 테스트를 실시해 상호연관성을 분석하였다. 그 결과 테스트 성적이 크게 떨어지는 것으로 나타났으며 혈중 코티닌 수치가 높은 아이일수록 성적이 떨어졌다고 밝혔다. 이러한 피해는 아버지의 흡연보다 어머니의 흡연으로 인한 피해가 더 큰 것으로 나타났다. 또한 우리나라의 경우에는 특히 여성이 배우자의 흡연에 간접적으로 많이 노출된 것으로 보인다. 성인여자의 흡연율은 세계에서 가장 낮은 나라 중에 하나이나 여성의 폐암 사망률은 남성과 같이 계속 증가되고 있고, 흡연하는 배우자를 가진 사람은 폐암 발생율이 30%, 심장병 발생율이 40%가 더 높다는 것이 이러한 사실을 시사한다.

7) 금연

담배를 오래 피운 사람은 대부분 담배가 나쁜 것을 몸으로 느끼지만 니코틴에 대한 갈망으로 담배를 끊는 것을 힘들어 한다. 단기적으로 6주일 장기적으로는 6개월간 담배를 피우지 않아야 금연에 성공했다고 한다. 그러나 아무리 좋은 여러 가지 금연방법을 사용해도 장기적인 성공률은 40%이다. 금연이 어려운 이유는 여러 가지가 있지만 니코틴 중독이 가장 중요한 원인이다. 애연가들은 담배를 피우면 니코틴이 폐순환 속으로 신속히 흡수되어 순식간에 뇌의 니코틴 수용체에 작용하여 기분을 좋게 하고, 불안, 스트레스, 공복감을 줄여 준다고 한다. 이러한 과정은 흡입부터 10~15초 이내에 일어난다. 흡연가들에게 담배를 피우지 않고 니코틴 성분만 주사하거나 피부로 공급해도 이런 현상이 나타난다. 담배 1개비에 0.9~1.5mg 정도 들어 있는 니코틴의 작용은 헤로인이라는 마약과 마찬가지로 혈액을 통해서 뇌에 신속한 효과를 나타낸다. 장기간 흡연하면 뇌의 니코틴 수용체 수가 증가하여 신체적 의존이 생기게 된다. 비록 2~3시간 만 흡연할 수 없어도 불안, 쉽게 화냄, 집중력 감퇴, 초조, 공복감, 수면장애, 우울증 등의 금단증상이 발생한다.

흡연욕구가 강할 때 대처하는 행동수정 전략

- 기분전환에 노력하고 마음의 안정을 갖도록 한다.
- 스포츠, 예술, 독서 등 담배를 대신할 수 있는 취미 생활을 통해서 즐거움을 가진다.
- 한 번 금연에 실패하더라도 몇 번이고 계속 재도전, 재시도를 해본다.
- 물과 쥬스 등의 수분을 많이 섭취한다.
- 담배가 없어서 손이 어색하면 연필, 가위, 고무줄, 빗자루 등 대용품을 만든다.
- 담배가 없어서 입이 심심하면 물을 마시거나 당근, 오이, 미역이나 다시마 줄기, 무가당 껌, 은단 등을 씹는다.
- 담배를 피우고 싶으면 심호흡을 10회 정도 한다.
- 금연이유를 노트에 적어서 담배 생각이 날 때 자주 반복해서 읽는다.
- 금연친구를 만나서 서로의 의견과 정보를 교환한다.
- 금연한 사람은 흡연하는 사람이나 흡연장소에 가까이 서지 말고 가능하면 피하도록 노력한다.

흡연자의 니코틴 의존도는 다음 설문지(Fagerström's Test for Nicotine Dependence)를 이용하여 간단히 알아봅시다.

질문	대답	점수
1. 아침에 일어나서 몇 분만에 첫 담배를 피우십니까?	5분 이내	3
	6~30분	2
	31~60분	1
	61분 이후	0
2. 금연구역에서 담배를 참기가 힘듭니까? (예: 지하철 역, 극장)	예	1
	아니오	0
3. 하루 중 제일 맛있는 담배는?	아침 첫 담배	1
	그 외의 담배	0
4. 하루에 보통 몇 개비나 피우십니까?	10개비 이하	0
	11~20개비	1
	21~30개비	2
	31개비 이상	3
5. 하루 중 다른 때보다 아침나절에 담배를 더 자주 피우십니까?	예	1
	아니오	0
6. 몸이 너무 아파 누워있을 때에도 담배를 피우십니까?	예	1
	아니오	0

평가 방법 0~4 : 낮은 니코틴 의존도
5 : 중간 정도의 니코틴 의존도
6~7 : 높은 니코틴 의존도
8~10 : 매우 높은 니코틴 의존도

결 과 7점 이상은 보통 금단 증상이 심하고 금연하기가 어려울 만큼 니코틴에 대한 의존도를 나타낸다.

- 밖으로 나가서 활기 있게 걷고 가벼운 운동을 수시로 한다.
- 시계를 보면서 1분 동안 담배를 참는다.
- 좋아하는 취미에 몰두한다.

이런 생각은 조심합시다.

- 딱 한 대만 피워야지.
- 이런 상황에서는 예외야(공부가 안될 때, 화가 났을 때 등).
- 다시 끊으면 되지.
- 다른 사람은 흡연으로 암에 걸려도 나하고는 상관 없을 거야.
- 지금까지 잘 해 왔으니 한 대 피워도 얼마든지 금연할 수 있어.
- 스트레스를 더 이상 참을 수 없어.
- 담배를 피우지 않으면 안 되겠어.
- 담배를 피우거나 안 피우거나 사람은 결국 다 죽지 않는가.

3. 커피

1) 커피의 주요성분

커피에는 약 400종 가량의 화학물질이 함유되어 있다. 그 중에 우리가 가장 관심을 갖는 것은 카페인이고, 기타 탄닌과 당 등이 있다. 카페인은 메틸산계에 속하는 쓴맛을 내는 물질로서 음료와 식품뿐만 아니라 일부 약제에도 함유되어 있다. 음료 및 약제 내의 카페인 함량은 표 9-8과 같다.

표 9-8. 식품 및 약품의 카페인 함량

식품 및 약품	용량	카페인 함량(mg)
핫코코아	컵	2~8
밀크 초코렛	57g	1~15
초코렛 우유	57g	40
두통약	1일	32~65
감기약	1일	15~32
체중조절보조제	1일	0~200
이뇨제	1일	100~200
차(5oz) 1분 침출	컵	9~33
2분	컵	20~46
3분	컵	20~50
아이스티	컵	22~36

2) 카페인이 인체에 미치는 영향

생체대사속도에 미치는 영향 체내에 흡수된 카페인은 매우 빠른 속도로 혈관속으로 운반되어 5분 이내에 몸 전체로 확산된다. 확산된 카페인은 어떤 혈관은 수축시키고 다른 혈관은 팽창시키는 역할을 한다. 500mg의 카페인 섭취는 기초대사 속도를 10~20% 증가시키며, 이것은 체내에서 1~3시간 사이에 최대 기초대사 속도를 나타내는 것으로 알려져 있다. 카페인은 체내에서 cAMP의 증가를 초래하여 저장될 글리코겐과 중성지방의 분해를 촉진시키며 산소소비량도 증가시킨다. 이것은 두뇌활동은 물론 신체 활동에 필요한 에너지의 공급을 증가시키므로 두뇌 활동력이나 운동선수의 운동 수행능력을 증진시킨다.

중추신경계에 미치는 영향 카페인은 중추신경계 전달물질의 생성과 분비를 촉진시켜 복용량이 몸무게 1kg 당 1~5mg 정도가 되면 각성효과와 긴장감이 유지되면서 일에 대한 의욕이 높아지고 정신이 맑아지며 기운이 나는 것처럼 느껴진다. 또한 진통제의 효과를 40% 가량 높여 주므로 편두통 치료에도 이용이 된다. 그러나 카페인에 의해서 나타나는 불면 현상은 성인이 하루 60mg의 카페인(진하게 끓인 커피 5~6잔) 이상 섭취하면 두통, 신경과민, 불안정, 이명증, 심계항진, 설사 등의 증세와 중추신경계의 영향으로 손이나 근육이 떨리는 현상이 일어나 일상적인 생활을 하기가 힘든 경우까지 볼 수 있다. 카페인의 섭취량은 정상 성인인 경우에는 하루 300mg 정도 섭취해도 무방하다는 연구결과인데, 그 치사량은 10g으로 진한 커피 80~100잔 또는 콜라 200캔을 30분 내로 마신 양에 해당된다.

심장에 미치는 영향 심혈관계에 미치는 커피의 영향은 카페인의 주작용과 원두를 볶을 때 생성된 화학물질의 부차적인 작용에 의해서 일어난다. 이러한 물질들이 심장에 미치는 작용은 복합적이며, 미치는 영향도 개인에 따라 다르고, 음용 방법과 양에 따라서도 많은 차이가 있다. 주작용은 혈관의 팽창에 의한 혈류의 증가가 일어나고 혈압과 맥박수는 다소 변화가 있거나 없는 사람도 있다. 미량의 카페인은 박동수를 감소시키지만 2 mg/kg 정도의 카페인은 맥박수를 향상시키기도 한다. 이보다 많은 양의 카페인은 음용시 가슴이 두근거리는 현상까지 동반하게 된다. 그러나 1일 1g정도의 카페인을 섭취하면 장기적으로 혈압을 낮추어 부종을 치료하는데 도움이 된다. 카페인과 관련된 메틸잔틴 화합물들은 협심증, 혈전, 동맥경화증의 치료에 이용되기도 하며, 한두 잔의 커피는 심장의 활동을 활성화하고 기초대사를 증진시키며 아울러 이뇨작용을 촉진시킨다. 1일 1~2g의 카페인은 불안정, 불면, 심장의 불규칙적인 박동, 혈압상승이나 소화장애를 유발시킬 수 있으나 카페인 섭취를 중단하면 이러한 증상은 곧 사라진다.

신장에 미치는 영향 카페인은 신장에서 수분의 재흡수를 감소시켜 보다 많은 소변을 생성하여 이뇨를 촉진시키고 심장을 자극하므로 체내 노폐물을 제거하는데 큰 역할을 한다. 또한 카페인은 섭취 후 1~3시간 내에 소변의 칼슘 배설량을 증가시키지만 그 효과가 지속되지는 않는다. 그러므로 골다공증의 직접적인 원인은 아니지만 하루 칼슘 섭취량이 권장량 이하의 경우의 폐경기 여성이면 하루 2~3 컵의 커피 섭취가 골질량을 감소시킬 수도 있다.

소화기관에 미치는 영향 카페인은 위산 분비의 촉진과 소화기관의 근육이나 혈관을 이완시키는 작용이 있으므로 과산성 위염이나 위 · 십이지장 궤양 증세가 있는 사람에게는 금물이다.

2) 여성과 카페인

임신시 과량의 카페인 복용은 태아에게 영향을 미치게 되는데, 동물실험결과 다량의 커피(57~87 잔의 커피) 공급은 태아의 기형(발가락 기형, 언청이, 심장 결함 등)을 유도하지만 적당량의 커피는 태아의 기형과는 연관이 없는 것으로 나타났다. 임산부가 매일 3잔 이상의 커피를 마시거나 6잔 이상의 카페인이 함유된 음료를 마시면 태아의 출생시 체중이 미달될 확률이 높게 나타났다. 수유중의 카페인 복용은 아기도 카페인을 섭취하게 되지만 아이의 영향에 대해 알려진 해악은 없는 것으로 보고되고 있다.

일부 여성들은 다이어트의 방법으로 다량의 카페인을 섭취하는데, 카페인은 기초대사량을 증가시키고 체지방을 분해한다는 연구 보고가 있기는 하지만 사람의 체중, 체지방량, 작업의 강도 그리고 생리적 상태 등에 따라 그 효과는 다르게 나타난다. 즉, 앉아서 일을 하는 사람과 같이 운동량이 적은 사람들에게 기초대사량 증가 효과는 더 잘 나타나며, 어린아이나 노인 그리고 운동량이 많은 사람에게는 그 효과가 떨어지게 된다. 그러나 오랫동안 임상연구를 통하여 보았을 때 감량에 특효가 없는 것으로 판정되어 미국이나 기타 여러 나라에서는 이미 다이어트 식품으로서의 가치는 상실된 실정이다.

3) 카페인 중독

커피가 카페인을 가장 많이 포함한 음료로 알고 있는 사람은 많지만 홍차의 카페인 함유량은 0.05%로 0.04%인 커피보다 더 높다. 이 밖에 녹차나 우롱차에도 카페인이 각각 0.02%씩 함유되어 있다. 건강한 성인의 경우 커피를 마신지 6시간이 지나면 카페인의 반 정도가 체내에서 분해된다. 그러나 담배를 피우거나 몇몇 특정 약물을 복용하는 사람들은 카페인이 머무는 시간이 길어진다. 카페인의 반감기는 연령, 성별, 호르몬의 영향, 흡연 여부, 복용 중인 약품의 종류에 따라 다르다. 신생아는 카페인 분해효소가 생후 며칠간은 없는 상태여서 반감기가 3~4일이 걸리고, 어린이와 흡연자는 3시간 이하, 비흡연 성인은 5~7시간, 경구피임약을 복용하는 여성은 13시간, 임산부는 18~20시간이 걸리므로 각자의 상태에 따른 카페인의 감수성도 제각기 다르다는 것을 염두에 두어야 한다.

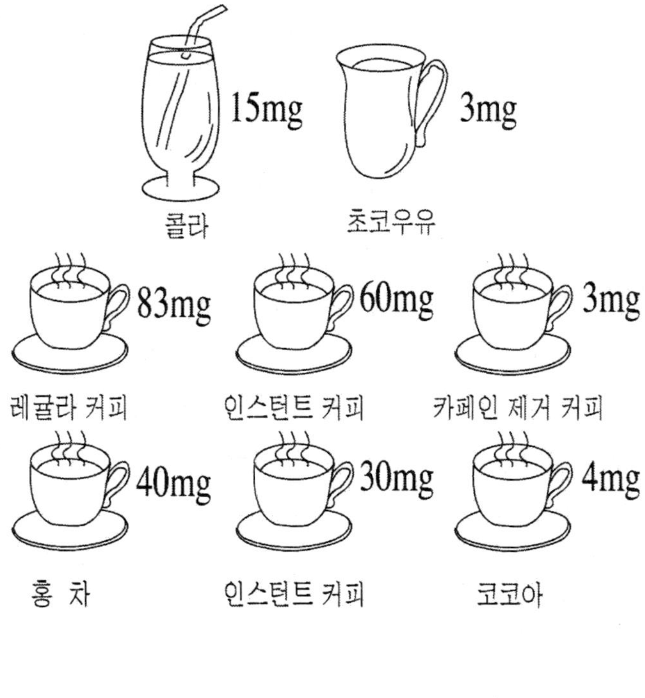

그림 9-8. 하루의 카페인 섭취량을 계산해 봅시다(150㎖ 기준)

카페인 중독에 대하여 판정해 봅시다.

존 홉킨스 대학의 연구원들에 의하면 다음 4가지의 증세 중 3가지에 해당하면 카페인 중독증이라 할 수 있다.

- 두통, 의욕상실, 피로 등의 카페인 금단증상이 나타난다.
- 위장궤양 등 신체적 문제가 있음에도 불구하고 카페인을 섭취한다.
- 카페인을 끊고자 하는 노력이 번번이 실패로 돌아간다.
- 커피에 대한 내성이 커져 커피 등 카페인 음료를 많이 섭취하더라도 잠은 잘 잔다.

제 10 장 식품의 안전성

식량증산을 위한 농약, 항생물질과 화학비료의 사용 및 식품가공기술의 발달로 인한 식품첨가물의 사용은 식량문제를 해결하는데 큰 도움이 되었으나, 환경오염에 의한 여러 가지 독성물질의 생성으로 식품의 안전을 위협하는 요인이 되고 있다. 한편, 과학기술의 발달로 인한 신종 위해물질과 유전자재조합식품 등의 신소재식품 생산 증가는 소비자들에게 식품의 안전이라는 측면에서 식품에 대한 정확한 정보의 부족으로 인하여 불안감을 주고 있다.

이 장에서는 식중독의 종류와 특징, 국내에서 식중독의 발생경향 등을 알아보고 식중독의 예방을 위한 HACCP제도를 소개하고자 한다. 아울러 환경으로부터 생성되는 내분비계 장애물질(환경호르몬)의 특성, 유전자재조합식품에 대하여 소개하고 가공식품의 선택에 도움을 줄 수 있는 식품표시제도에 대하여 알아봄으로써 새로운 식품의 선택에 올바른 정보를 제공하고 안전한 식생활을 위한 방법을 모색하고자 한다.

1. 식품위생의 중요성

1) 식중독의 분류

식품은 식품의 원료에서부터 조리·가공, 저장 및 유통을 거쳐 섭취할 때까지의 전 과정에서 안전하게 공급되어야 한다. 그러나 현대의 식품들은 농약, 중금속, 식품첨가물 등으로 인하여 식품오염이 심각하며 수입식품의 증가로 인하여 외국으로부터 새로운 세균들이 유입되어 식품의 안전성을 위협하고 있다.

식품의 안전성(food safety)이란 식품에 함유된 유해세균, 천연적, 인위적 독소 또는 물질에 의한 급성 또는 만성의 식성 병해로부터 소비자들을 보호하는 것으로 식품의 품질 중 가장 중요한 요소이다.

식중독은 유해 세균이나 유해·유독한 물질을 함유한 음식물을 섭취함으로써 발생되는 급성 또는 만성적인 건강장해를 말하며 세균성 식중독에 특히 큰 피해를 입는 사람은 대부분 면역체계에 문제가 있는 노인, 임신부, 어린아이, 만성질환자(암, 당뇨 등)들이다.

식중독을 그 원인물질에 따라 분류하면 그림 10-1과 같이 세균성 식중독과 동물이나 식물 자체에 있는 독소에 의한 자연독 식중독, 화학물질에 의한 화학성 식중독으로 구분할 수 있다.

- 식중독
  - 세균성
    - 감염형 – 장염비브리오균, 살모넬라균, 리스테리아균
    - 독소형 – 황색포도상구균, 보툴리누스균
  - 자연독
    - 곰팡이 독소 – 아플라톡신, 황변미 중독
    - 식물성 – 버섯, 감자 등의 독소
    - 동물성 – 복어, 조개 등의 독소
  - 화학성
    - 공해 오염물질 – 농약, 중금속
    - 식품첨가물 – 방부제, 착색료, 감미료
    - 조리기구, 포장재료 중의 중금속

그림 10-1. 식중독의 원인별 분류

2) 식중독 발생 현황

최근 우리나라의 식중독사고의 원인물질별 발생현황은 표 10-1과 같다. 1996년, 1998년에는 식중독 환자의 식중독 원인이 밝혀진 것이 80%를 넘고 있으나 2001년에는 50%에도 미달되었고, 2005년에는 90%, 2008년에는 67% 이상의 원인균이 밝혀지게 되었다. 이들 세균 중 살모넬라균, 포도상구균, 장염비브리오균이 우리나라 식중독 발생사고의 대부분을 차지하였으나 2005년에는 병원성대장균이 가장 큰 비율을 차지하였고 2005년 이후부터 바이러스에 의한 식중독 환자수가 눈에 띄게 증가하였다. 전체적으로 식중독 사고의 환자수는 2001년을 정점으로 그 후부터 다소 감소하는 경향이나, 원인물질의 종류가 점차 다양해지는 경향인데 이는 수입식품의 증가와 일부 시설이 나쁜 급식소에서의 불량 식재료의 사용 등이 그 원인으로 생각된다.

표 10-1. 원인물질별 식중독 발생 현황

원인물질	1996년		1998년		2001년		2005년		2008년	
	건수	환자수	건수	환자수	건수	환자수	건수	환자수	건수	환자수
살모넬라균	23	1,180	28	928	13	561	22	753	12	258
황색포도상구균	10	342	18	1,420	10	363	16	863	5	209
장염비브리오균	10	273	34	1,376	13	254	17	663	6	111
병원성대장균	1	35					15	1,883	7	125
기타세균성[1]	12	382			18	1,848	3	244	7	328
자연독	1	3	1	5	·	·	1	3	2	50
화학물질							1	8		
바이러스 노로바이러스							6	719	10	424
바이러스 기타 바이러스							2	25		
원인규명(소계) 비율(%)	57	2,215 82.7	81	3,729 81.5	54	3,026 47.2	83	5,161 90.4	49	1,505 67.3
원인불명	21	461	38	848	39	3,380	26	550	43	732
합 계	78	2,676	119	4,577	93	6,406	109	5,711	92	2,237

[1] 바실러스세레우스, 캠필로박터제주니, 기타 포함

자료 : 식품의약품안전청(2008).

3) 섭취장소별 식중독 발생 현황

2008년에 발생한 식중독사고의 식품섭취 장소별 발생현황은 표 10-2와 같이 발생건수는 일반음식점이 가장 많았으나 환자수는 집단급식소가 가장 큰 비율을 차지하고 있다. 집단급식소의 경우, 영세한 위탁급식업소에서 위생관리수준이 미흡하고 불공정한 위탁계약조건 및 시장경제 논리에 맞지 않는 가격 책정 등으로 가격이 싼 식재료 등을 사용함으로써 식중독 발생의 원인이 된다고 볼 수 있다.

표 10-2. 2008년 섭취장소별 식중독 발생 현황 (단위: 건, 명)

구분	계	집단급식소		음식점	가정	기타
		학교	기업체 등			
발생건	92	12	3	51	7	19
환자수	2,237	1,063	68	474	52	580

자료 : 식품의약품안전청(2009).

2. 세균성 식중독

세균성 식중독은 그 발병 형태에 따라 감염형, 독소형으로 분류하는 것이 일반적이다. 감염형 식중독은 세균에 오염된 식품의 섭취시 장관내에서 증식하여 일으키는 식중독형, *Salmonella, Vibrio paraheamolyticus, Listeria monocytogenes* 등에 의한 식중독이다.

감염형은 일반적으로 잠복기가 12~48시간이며 일반적인 증상으로 설사와 열을 동반하지만 항상 복통과 구토를 하지는 않는다. 감염형 식중독세균은 전염병에 비해 병을 일으키는 정도가 약하므로, 대량의 세균을 섭취해야 비로소 발병한다. 식중독 발생에 필요한 세균수는 균의 종류에 따라 다르나 보통은 10^6~10^8 이상 필요하다고 알려져 있다. 그러나 *E. coli* O157:H7이나 *L. monocytogenes*의 경우에는 10~1,000개의 균수 만으로도 사람에게서 발병이 가능하므로 주의하여야 한다.

독소형 식중독은 식품 중에서 세균이 증식하면서 독소를 생산하여 식품 내에 존재하는 독소를 섭취함으로써 발생하는 식중독이다. 그러므로 이 경우 원인균이 식품내에서 이미 사멸되었어도 독소가 잔존할 때에는 식중독이 발생할 수 있으며, *Staphylococcus aureus, Clostridium botulinum* 등이 이 경우에 해당한다. 독소형은 잠복기가 2~8시간이고 일반적인 증상으로 설사, 복통과 구토를 동반하지만 항상 열을 나타내지는 않는다. 이와 같이 세균에 의한 식중독이 일어나기 위해서는 발병량의 미생물이나 독소가 우선 식품에 존재할 때에만 가능하다.

각 세균에 의한 감염형 식중독과 독소형 식중독의 특징과 원인식품 및 예방법을 간략히 소개하면 다음과 같다.

1) 감염형 식중독

(1) 살모넬라 식중독

원인 세균 *Salmonella enteritidis, Salmonella typhimurium* 등 10여종의 미생물이며 식중독균을 섭취한 후 약 8~48시간 사이에 발생한다.

주요 증상 복통, 설사, 38℃~40℃의 발열로서 간혹 구토와 어지러움을 수반하기도 하나 경과는 비교적 양호하며 가벼운 경우 2~3일 내에 회복된다.

오염원 동물의 분뇨로써 이들이 원인식품인 식육(예; 돼지고기), 계란 및 그 가공품, 이들과의 복합조리 식품에 오염되어 식중독을 일으킨다. 특히 최근 개, 고양이등 애완동물과 녹색거북이가 살모넬라의 중요한 오염원으로 주목되고 있기 때문에 어린이들의 각별한 주의가 요구된다.

원인 식품 식육과 난류가 으뜸이지만 우리나라에서는 어패류, 생선요리, 어육연제품, 불고기, 샐러드 및 마요네즈 등 알을 사용한 식품과 우유와 유제품에 기인되지만 일반적으로는 동물성 식품이다. 특히 살모넬라균은 적당한 습도가 되면 달걀이나 메추리알 등의 껍질을 통해 내부에 침입하기 쉬운데, 메추리알은 껍질이 매우 얇아 취급 중에 금이 가기 쉽고 이를 통한 오염이 용이하기 때문에 세심한 주의가 요구되고 있다.

예방법 살모넬라균은 열에 약하여 60℃에서 30분, 끓는 온도에서 잠깐이면 사멸되므로 음식을 섭취하기 전에 식품을 가열하는 것이 좋은 예방법이 된다.

(2) 장염비브리오 식중독

원인 세균 해수세균의 일종인 *Vibrio parahaemolyticus*로서 3~5%의 식염 농도에서 잘 발육하며 분열시간도 10~12분으로 매우 빠르나 식염이 없이는 거의 번식하지 못한다. 이 식중독의 잠복기는 8~20시간이다.

주요 증상 임상적으로 복통, 설사, 구토를 주증상으로 하는 전형적인 급성위장염을 일으킨다. 설사는 일반적으로 물 같은 설사이나 경우에 따라서 혈변을 동반하기도 하며 심한 설사가 계속되어 탈수증상을 일으키면 사망할 수도 있다. 보통 38℃ 정도의 열이 나는 경우가 많으며, 대체로 2~3일 내에 회복되나 정상적인 변으로 되기까지는 약 1주일 정도가 소요된다.

장염비브리오균은 바닷물에 분포되어 있으며 수온이 20℃가 넘으면 왕성하게 증식하기 때문에 여름철에 주로 식중독을 일으킨다.

원인 식품 해산 어패류가 대표적이며, 고등어, 문어, 오징어, 피조개 등의 표피 · 내장 · 아가미 등에 부착된 장염비브리오균이 조리과정 중에 우리들이 좋아하는 식품(주로 회)에 오염되고 시간이 경과됨에 따라 증식하여 식중독을 일으킨다. 그러나 어패류에 부착된 장염비브리오균이 도마, 행주, 칼 및 조리자의 손을 통하여 다른 식품을 오염시키고 장염비브리오균이 증식된 식품을 섭취함으로써 식중독을 일으키는 2차 오염에 의한 경우도 있다.

예방법 장염비브리오균은 열에 대단히 약하여 60℃에서 15분, 100℃에서 잠깐이면 사멸되는 식중독균이며 5℃ 이하의 저온에서는 증식이 거의 불가능하다. 따라서 장염비브리오 식중독의 예방은 가열조리 후 바로 먹거나, 생선의 특성상 가열이 불가능할 경우에는 생선을 구입한 즉시 수돗물로 잘 씻어 5℃ 이하의 냉장고에 보관하는 것이 좋다. 그리고 2차 오염을 방지하기 위하여 전용의 칼, 도마를 사용하거나 사용한 조리기구는 잘 씻고 뜨거운 물에 소독하도록 하는 것이 바람직한 방법이다.

(3) 리스테리아 식중독

원인 세균 *Listeria monocytogenes*로서 이 균은 50년 이상 인축공통 병원균으로 알려져 왔으며 자연계에 널리 상재하고 특히 야생동물 및 가금류, 오물 그리고 폐수에서 많이 분리되고 있다.

주요 증상 건강한 사람들이 이 균에 감염되었을 경우에는 증상이 없거나 오염식품 섭취 약 12시간 후 감기와 같은 증상을 나타내며 드물게는 설사, 복통을 일으킨다. 그러나 위험군에게는 수 개의 균으로도 발병할 수 있는 것으로 보고되고 있으며 특히 임산부, 신생아 및 노인 등 면역능력이 저하된 사람들에게 발생하여 패혈증, 수막염 및 유산 등을 일으키며 당뇨병, 알코올 중독자, 비알코올성 간질, 만성 신장병과 관련된 사람과 후천성 면역결핍증 환자들이 걸리기 쉽다.

원인 식품 원유를 충분히 살균하지 않은 저지방 우유제품과 soft cheese 제품, 슈퍼마켓에서 구입한 양배추, 오이, 감자 및 무에서도 이 균이 분리되었다. 우리나라에서는 1997년에 시판중인 냉동만두 및 시판 피자 등 냉동식품에서 이 균이 발견되었고 미국에서 수입한 아이스크림에서 검출되어 사회적으로 문제가 된 적이 있었다.

예방법 슈퍼마켓, 편의점과 같은 식품 취급 업소에서는 냉동, 냉장식품의 저장 시 철저한 온도유지 및 식육, 생선과 다른 제품의 분리보관에 의한 2차 감염의 예방에 주의해야 한다. 미살균 우유의 섭취금지, 식육의 생식금지 및 충분한 조리 후 섭취, 채소의 섭취 전에 충분한 세척, 냉장고의 청결 유지 및 10℃ 이하의 온도유지, 섭취 후 남은 식품의 적절한 보관 온도 등에 유의하여야 한다.

2) 독소형 식중독

(1) 황색포도상구균 식중독

원인 세균 *Staphylococcus aureus*로서 이 세균이 식품 중에서 증식하여 그 대사산물로 생산한 enterotoxin을 경구 섭취하여 일어난다.

자연계에는 여러 종류의 포도상구균이 있으나 원인독소인 enterotoxin

을 생산하는 균종은 황색포도상구균에 한정되며 생성된 독소는 120℃에서 20분간의 가열에도 파괴되지 않는다. *S. aureus*는 불규칙적인 포도송이 모양으로 자연계에 널리 분포하며 사람과 동물에서는 피부, 비인강 점막, 장관내 등 거의 모든 조직이나 기관에 침투하며 특히 사람에게 감염, 괴사 또는 농양을 형성하는 화농성 염증을 유발한다.

주요 증상 식중독의 잠복기는 2~6시간으로 급성적으로 나타나며 구토, 설사와 심한 복통을 유발하는 급성위장염을 일으킨다.

원인 식품 매우 다양하여 미국과 유럽에서는 우유와 유가공품을 비롯하여 육제품, 알제품 등 단백질 식품에 분포되어 있고, 우리나라는 식생활의 차이에 따라 김밥, 도시락, 떡, 빵, 과자류 등 전분질을 주체로 하는 곡류와 그 가공품에 주로 분포되어 있지만 때로는 어패류와 그 가공품, 두부 등에 포함되어 있기도 한다. 우리나라의 경우, 1977년 서울에서 5,575명의 환자를 낸 학교급식 빵 식중독 사건도 황색포도상구균이 원인이었으며, 일본에서는 2000년 여름에 雪印乳業의 우유를 먹고 1만명 이상의 환자가 발생하였다.

예방법 이 균은 건강한 사람의 피부 등에도 상재하며 공기, 토양 등의 자연계에 광범위하게 분포하고 있기 때문에 완전한 예방대책이 어렵다. 가능한 한 원료의 오염방지와 함께 충분한 가열처리 및 조리 후 신속한 섭취가 중요하며, 식품을 보존할 경우 10℃ 이하의 저온에서 보관하여 enterotoxin의 생성을 억제시키며 화농창 등의 피부질환에 걸린 사람은 식품조리를 삼가는 것이 중요하다.

(2) 보툴리누스균 식중독

원인 세균 *Clostridium botulinum*이며 오염된 식품이 혐기적 상태에서 증식할 때 생산하는 독소에 의한 식중독이며 치명적인 독소로 인하여 세균성 식중독 가운데 가장 치사율이 높다. 이 식중독은 18~19세기에 유럽, 특히 독일에서 소시지에 의한 식중독 사례가 많았기 때문에 일명 소시지중독이라고도 하며 유럽이나 미국에서 오래 전부터 알려져 온 식중독이다.

주요 증상 잠복기가 보통 12~36시간이나 2~4시간이내에 신경증상이 나타나기도 하며 잠복기가 짧을수록 중증이다. 메스꺼움, 구토, 복통, 설사 등의 소화기 증상과 시력장애, 복시, 두통, 근력 감퇴, 변비, 신경장애, 말을 잘 못하는 등의 신경증상이 나타나며 결국, 호흡부전에 의하여 사망하며 치사율이 매우 높은 식중독이다.

원인 식품 진공포장된 식품이나 병 · 통조림 등의 산소가 차단된 환경을 제공하는 식품류로서 원인식품은 식생활 습관의 차이에 따라서 나라마다 다르다. 미국에서는 가열이 불충분한 상태로 집에서 만든 야채나 과일의 병 · 통조림 식품류가 많고, 일본의 경우는 각종 어류의 소금절임 식품이 원인이 되고 있다.

예방법 야채 등은 잘 씻어야 하며 어류의 조리 시에는 장관내용이 육질에 오염되지 않도록 주의하여야 한다. 이 균은 20℃ 부근에서 잘 발육하며 독소를 생산하기 때문에 식품을 4℃ 이하로 저장하여야 하며, pH 4.5 이하에서 아포의 발아 및 균의 증식을 방지할 수 있다.

3) 식중독 예방을 위한 HACCP제도

식중독 예방은 식중독 예방수칙을 철저히 준수함으로써 안전한 관리가 가능하다고 볼 수 있다. 식품의 생산자와 현장의 식품 취급 종사자들은 물론 소비자들의 식품위생관리 의식이 요구되므로 국민 개개인 모두 식중독 예방수칙을 철저히 준수하여야 한다. 우리나라에서는 이러한 방안의 하나로서 HACCP제도를 도입하게 되었다.

(1) HACCP란?

Hazard Analysis Critical Control Points의 머릿글자로서 HA(Hazard Analysis: 위해분석)과 CCP(Critical Control Points: 중요관리점)를 합친 말로서 우리말로는 「위해요소중점관리기준」, 혹은 「위해요소중점관리제도」라는 용어로 표현하고 있다. 즉 어떤 위해요소를 미리 분석하여 그 위해요소를 특별히 중점적으로 관리하여 식중독을 예방하는 제도를 뜻한다.

다시 말하면 식품의 원재료 생산에서부터 제조, 가공, 보존, 유통단계를 거쳐 소비자가 섭취하기 전까지의 각 단계에서 발생할 우려가 있는 위해요소를 미리 예측하여 규명하고, 이를 중점적으로 관리하기 위하여 꼭 필요한 항목으로 구성된 중요관리점을 결정하여 자주적이고 체계적이고 효율적인 관리로 식품의 안전성을 확보하기 위한 과학적인 위생관리 방법이다.

HACCP은 1959년 미국 우주계획의 일환으로 우주인의 식품제조에 참가한 Pillsbury사가 최초로 식품의 원재료, 식품제조공정, 제조환경, 종사자, 보관, 유통에 이르기까지의 모든 과정을 체계적으로 위생관리하는 제도를 도입하여 식중독사고의 예방적인 방법을 최초로 확립하였다.

종전의 관리방식은 위해 발생 시 원인규명과 책임소재를 찾기가 어려운 실정이었으나, HACCP제도는 각 제조공정별로 위해요인을 관리 · 기록하도록 함으로써 위해발생 요인과 책임소재를 명확하게 파악할 수 있어 가장 효과적인 식품의 안전성 확보 수단으로 부각되고 있는 제도이다.

(2) 세계 각국의 HACCP 도입현황

미국에서 시작된 HACCP제도는 미국, 캐나다, EU, 일본 등 세계 각국이 식품의 위생적 관리방법으로 채택하고 있으며 우리나라에서도 1995년 12월에 식품위생법을 개정하여 식품위해요소중점관리기준을 신설하였다. 그 후 연차적으로 식육가공품, 수산식품, 축산물, 유가공품에 대하여 의무적으로 HACCP을 적용하도록 하였으며 단체급식소에도 의무적으로 HACCP을 적용하여 식중독사고의 예방을 위해 만전을 기하고 있다.

한편, HACCP 적용작업장과 HACCP 적용품목에 대하여 농림부와 식품의약품안전청은 HACCP 마크부착과 HACCP 적용품목에 대한 광고를 할 수 있게 허락하고 있어 소비자가 안전한 식품을 선택할 수 있다. 또한 식품의 수입과 수출시 에는 세계 각국이 각 제품에 대한 HACCP 적용 식품임을 입증하도록 요구하고 있기 때문에 식품제조 업체에서는 반드시 이행해야 할 제도로서 각 회사는 식품의 위생적 관리에 대한 신뢰성이 향상되고 식품의 수출을 늘릴 수 있을 것으로 생각된다.

그림 10-2. HACCP 인증기관 및 적용품목 표시

그림 10-3. HACCP 적용 사업장 표시

4) 세균성 식중독 예방대책

우리나라의 경우 식품위생수준이 예전에 비해 전반적으로 향상 되었음에도 불구하고 식생활 형태의 변화로 식중독 발생은 해마다 증가하거나 집단화 되고 있으며, 식품으로 인한 위해의 80~90%가 식중독에 기인된다는 점을 감안하여 볼 때 식품의 제조 · 가공 · 조리자의 각별한 주의와 철저한 위생관리가 요구되고 있으며 HACCP제도를 바탕으로하여 식중독 예방을 위한 식품취급의 4가지 원칙은 다음과 같다.

(1) 청결(Clean)

현대적인 시설을 갖추었다 할지라도 청결을 등한시하면 안전한 식품의 생산은 결코 불가능하다. 식품위생에 제일 중요한 「청결」은 단순히 깨끗함만을 뜻하는 것이 아니고 청결한 재료, 청결한 제조 · 가공 · 조리장소, 청결한 설비와 기구, 식품 취급자의 청결 등 광범위한 청결을 의미한다.

(2) 분리보관(Separate)

식중독 세균의 교차오염(cross-contamination)을 방지하기 위하여 조리한 음식과 익히지 않은 날 음식간의 접촉을 피한다. 날 음식, 특히 육류는 익힌 음식보다 많은 균을 갖고 있기 때문에 날 음식을 놓았던 곳에 익힌 음식이나 곧 섭취할 음식을 놓지 말아야 한다. 냉장고 안에서는 농산물 등에 흙과 토양 미생물이 붙어 있을 수 있기에 이들은 고기, 유제품 등과 따로 보관하여 교차오염을 피해야 한다. 또한 육류 및 해산물을 취급한 후에는 손, 칼, 도마 등의 주방기구, 조리대를 더운 물과 세제로 깨끗이 씻고 잘 말려서 사용한다.

(3) 조리(Cook)

일단 해동된 후 조리되지 않은 음식은 다시 냉동하지 말고, 조리시 음식의 중앙까지 가열 되었는지를 확인하여 철저히 조리하고 빠른 시간 내에 섭취한다. 달걀의 경우 날달걀을 먹는 것은 바람직하지 못하며 저항력이 약한 사람들은 달걀 반숙을 삼가야 한다. 그리고 가열조리 후 저장된 음식을 섭취할 때는 음식의 중앙부분까지 충분히 가열되도록 철저히 재가열 하여야 한다.

(4) 냉각(Chill)

음식이 따뜻하게 보존되면 세균이 증식하여 위험한 수준에 이를 수 있고 그 과정에서 독소를 생성할 수도 있다. 그러므로 다 섭취하지 못하고 남은 음식은 조리한지 1시간 이내에 냉장보관 한다. 얼었던 식품을 해동할 때에는 상온에서 해동시키지 말고 냉장고 내에서나 흐르는 물에 해동시킨다. 또한 냉장고를 가득 채우지 말고 적절한 공기 순환이 되게 하여 식품이 골고루 냉장될 수 있도록 70% 이상 채우지 않도록 한다.

3. 자연독에 의한 식중독

1) 동물성 자연독

(1) 복어

복어중독은 동물성 자연독 중 가장 많이 발생하고 독소섭취 후 0.5~5시간 내에 증상이 나타나며. 심한 경우에는 발증이후 10분 이내에 사망하고 치사율은 60% 정도이다. 복어의 독성분은 주로 테트로도톡신(tetrodotoxin)이며, 이 독소는 106℃에서 4시간 정도 가열하여도 파괴되지 않는다.

복어는 종류와 부위, 그리고 계절에 따라 독력의 차이가 많아서 독소는 주로 알, 난소, 간에 존재하며 특히 봄철에 함량이 높다. 따라서 복어요리는 전문가가 만든 것을 먹어야 하며 독성이 많은 부위는 철저히 제거하는 것이 식중독을 예방하는 가장 중요한 방법이다.

(2) 조개류

모시조개, 검은조개, 섭조개, 고막, 굴, 대합조개 등 일부 조개류에 대한 식중독 사례가 미국과 일본에서 보고되었으며 우리나라에서도 바지락에 의한 식중독이 문제점으로 제기되고 있다. 그 원인은 연안에 서식하는 유독 플랑크톤을 조개가 섭취함으로써 조개의 체내에서 독물이 축적되어 일어나며 증상은 식후 30분 내지 3시간 내에 신경마비, 사지마비, 발성곤란 등의 마비가 일어나고 복어중독과 유사한 증상을 나타낸다. 조개류의 식중독은 계절과 관련이 커서 식물성 플랑크톤이 이상 증식하여 적조(赤潮)를 형성하는 봄철에 주로 발생하기 때문에 연안 해역에서 조개류 채취 금지기간 중에는 채취하지 않아야 한다.

2) 식물성 자연독

(1) 독버섯

식물성 자연 독성물질에 의한 식중독 뿐 아니라 자연독 식중독 중에서 으뜸을 차지하고 있으며 특히 이에 의한 사망자 수는 다른 어떤 식중독보다도 큰 비율을 차지하고 있다. 대표적인 버섯의 독소는 무스카린(muscarine), 무스카리딘(muscaridine), 아마니타톡신(amanitatoxin) 등으로 9~10월 경에 발생률이 높다.

(2) 감자

보통 감자에는 솔라닌(solanine)이 0.005~0.01% 함유되어 있어 별로 유해하지 않으나 감자의 발아부위와 일광에 노출되어 녹색을 띠는 부분에는 0.2~0.4%의 솔라닌을 함유하여 식중독을 일으키는 수가 있으므로 감자의 녹색부분이나 발아부분을 제거하고 조리하여야 한다.

(3) 시안(cyan)배당체 함유식품

미숙한 매실, 살구씨, 복숭아씨, 은행 등에는 아미그달린(amygdalin)이란 시안배당체가 함유되어 있는데 이것 들은 각각 효소에 의해 분해되면 청산(HCN)을 생성하여 식중독을 일으킨다. 이들 시안(cyan)배당체를 함유한 식품을 많이 먹으면 두통, 소화불량, 구토, 설사, 복통 등의 소화기계 증상, 호흡곤란, 전신의 강직성 경련을 일으키고 중증인 경우에는 호흡중추 마비로 사망하게 된다. 시안화합물은 가열하면 시안기(-CN)가 분해, 휘발되어 제거되므로 가능한 한 가열하여 먹거나 많이 먹지 않도록 주의하여야 한다.

3) 곰팡이독(Mycotoxin)

곰팡이독(진균독)은 곰팡이가 생산하는 유독성의 대사산물로서 사람이나 동물에 어떠한 질병이나 이상한 생리작용을 유발하는 물질군을 말하며 mycotoxin에 의해서 일어나는 질병을 진균중독증(mycotoxicosis)이라고 한다. Mycotoxin에는 100종 이상의 종류가 있으며 간장, 신장 및 신경계에 장해를 일으키게 된다.

(1) 진균중독증의 특징

- 탄수화물이 풍부한 곡류에 압도적으로 많이 발생한다.
- 원인균과 중독증은 계절과 관계가 있어서 봄철과 여름철에는 *Aspergillus*속 곰팡이에 의한 중독사고가 많으며 겨울에는 *Fusarium*속에 의한 사고가 많다.
- 중독증상은 주로 만성으로 진행되며 일단 발병하면 치료가 어렵다.
- 중독증은 전염성이 없다.
- 중독증상이 나타나면 약물요법이나 항생물질에 의한 효과가 별로 없다.

(2) 황변미중독(Yellow rice toxicosis)

수분함량이 14~15% 이상인 저장미에서 대부분 *Penicillium*속 곰팡이가 발생하여 그들이 생성하는 대사산물에 의해 쌀이 황색으로 변한 것을 황변미(黃變米)라 하며, 황변미에 의한 식중독을 발생하는 대표적인 독소는 citreovirdin(신경독), islanditoxin(간장독), citrinin(신장독) 등이다.

(3) 아플라톡신(Aflatoxin)

1960년 영국의 남부 및 동부 지방에 봄에서 여름에 걸쳐 불과 수개월간에 10만 마리 이상의 어린 칠면조가 차례로 폐사하는 사고가 일어나자 이 원인불명의 질병을 칠면조 X병이라 불렀다. 영국 정부의 대책 위원회에서 연구한 결과, 브라질에서 수입한 땅콩박(粕)에 *Aspergillus flavus*가 기생하여 생산한 형광 대사생산물이 많은 칠면조에 급성 간장장해를 일으킨 원인 물질로 인정개월 생산 곰팡이의 이름에 따라 이 물질을 aflatoxin이라 명명하였다.

강력한 천연 발암물질인 aflatoxin의 생산 최적 조건은 기질(基質)수분 16% 이상, 상대습도 80~85% 이상, 온도 25~30℃이다. 탄수화물이 많은 쌀, 보리, 옥수수 등 주요 곡류가 좋은 기질(基質)이 되며, 특히 땅콩은 땅 속에서 결실하기 때문에 생산 곰팡이와 접촉할 기회가 많아서 오염 가능성이 높은 농산물로 유명하다.

4. 내분비계 장애물질
(一名 환경호르몬)

1) 내분비계 장애물질 이란?

내분비계 장애물질은 환경 중의 화학물질이 생물체 내에 들어가 마치 호르몬처럼 작용함으로써 생물체 내의 정상적인 호르몬의 작용을 방해하여 정자수의 감소, 기형유발 등 생물체 또는 그 자손의 건강에 위해한 영향을 나타낼 수 있는 화학물질을 말한다.

내분비계 장애물질로 알려진 물질의 대부분은 산업용 화학물질이 차지하고 있으며, 유기염소계 살충제 및 PCB와 같이 잔류성이 큰 물질일 경우 자연의 먹이사슬을 통해 동물이나 사람의 체내에 축적되어 야생동물이나 인간에게 생식 기능 저하와 기형, 성장장애, 암 등을 유발하는 것으로 알려져 있다.

2) 내분비계 장애물질의 성질

내분비계 장애물질은 일반적으로 합성 화학물질로서 물질의 종류에 따라 저해 호르몬의 종류 및 저해방법이 각각 다르다. 그러나 수많은 화학물질 중 명확하게 내분비 장애물질로 밝혀진 것은 극히 일부분으로서, 대부분의 물질이 잠재적 위험성이 있는 것으로만 알려져 있으며 내분비계 장애물질의 성질은 다음과 같다.

- 생체 호르몬과는 달리 쉽게 분해되지 않고 안정하다.
- 환경중 및 생체내에 잔존하며 심지어 수년간 지속되기도 한다.
- 인체 등 생물체의 지방 및 조직에 농축되는 성질이 있다.

3) 내분비계 장애를 유발할 수 있는 물질

현재 내분비계 장애를 일으킬 수 있다고 추정되는 물질로는 각종 산업용화학물질(원료물질), 식품이나 음료수 캔의 코팅 물질 등에 사용되는 비스페놀 A, 살충제 및 제초제 등의 농약류, 유기 중금속류, 소각장의 다이옥신류, 식물에 존재하는 식물성 에스트로젠(phytoestrogen) 등의 호르몬 유사물질, DES(diethylstilbestrol)과 같은 의약품으로 사용되는 합성 에스트로젠류 및 기타 식품, 식품첨가물 등을 들 수 있다.

현재 세계생태보전기금(WWF, World Wildlife Fund) 목록에는 67종의 화학물질이 등재되어 있으며, 일본 후생성에서는 산업용 화학물질, 의약품, 식품첨가물 등의 142종의 물질을 내분비계 장애물질로 분류하고 있다.

4) 내분비계 장애물질의 작용기전

현재 내분비계 장애물질의 작용기전을 밝혀내기 위한 연구가 미국, 일본, 유럽 등 각국에서 수행되고 있는데, 지금까지 알려진 수용체 결합과정에서 내분비계 장애물질의 작용은 호르몬 유사(mimics), 호르몬 봉쇄(blocking), 촉발(trigger)작용 등으로 나눌 수 있다.

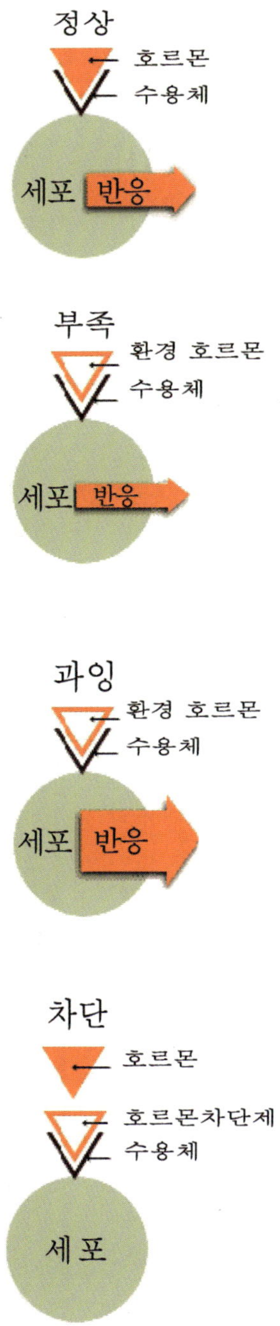

(1) 호르몬 유사작용(모방작용, mimics action)

호르몬 수용체와 결합하여 내분비계 장애물질이 마치 정상 호르몬과 유사하게 작용하는 것으로서 대표적인 예가 합성 에스트로젠인 DES(diethylstilbestrol)이다. 이러한 유사물질은 정상 호르몬보다 강하거나 약한 신호를 전달함으로써 내분비계의 교란작용을 유발할 수 있다.

(2) 호르몬 봉쇄작용(차단작용, blocking action)

호르몬 수용체 결합 부위를 봉쇄함으로써 정상 호르몬이 수용체에 접근하는 것을 막아 내분비계가 기능을 발휘하지 못하도록 하는 것이다. 대표적인 예로서 DDE(DDT의 분해산물)의 경우 정소의 안드로젠 호르몬의 기능을 봉쇄하는 것으로 보고되고 있다.

(3) 촉발작용(trigger action)

내분비계 장애물질이 수용체와 반응함으로써 정상적인 호르몬 작용에서는 나타나지 않는 생체내에 해로운 엉뚱한 대사작용을 유발하는 것이다. 이러한 영향으로는 암과 같은 비정상적 생장, 대사작용의 이상, 불필요하거나 해로운 물질의 합성 등을 들 수 있다. 다이옥신 또는 다이옥신 유사물질 등은 이와 같은 작용기전으로 영향을 나타낼 수 있는 것으로 보고되고 있다.

그림 10-4. 내분비계 장애물질의 작용기전

5) 내분비계 장애물질이 생태계 및 인체에 미치는 영향

현재 우리가 널리 사용하고 있는 합성물질 또는 식물에서 만들어지는 천연물질 중 상당수가 체내 내분비계에 대한 장애물질로 밝혀지고 있다. 이들 물질들은 파충류, 어류, 조류 및 포유류 등의 야생동물에 심각한 영향을 주어 개체수 감소 및 성(性)의 혼란 등을 야기하는 것으로 지적되고 있으며, 이러한 관점에서 볼 때 정자수 감소 등을 포함한 현재와 미래의 인간의 건강에 대해서도 심각한 영향을 끼칠 것으로 염려되고 있다.

인간을 포함한 생태계에 대해 나타날 수 있는 내분비계 장애물질의 대표적인 영향은 다음과 같다.

- 호르몬 분비의 불균형
- 생식능 저하 및 생식기관 기형
- 생장저해
- 암유발
- 면역기능 저해

내분비계 장애물질의 어류에 대한 영향은 수컷 생식능의 변화 및 수컷의 암컷화 등이 많이 관찰되고 있으며, 각국의 내분비계 장애물질에 대한 보고는 다음과 같다.

영 국 1980년대 후반 각지에서 암수 구분이 어려운 물고기가 대량 발견되었는데 그 원인을 조사해 본 결과, 합성세제와 유화제의 분해물인 알킬페놀이 다량 검출되었다.

캐나다 겔프대학의 연구보고에 따르면, 오대호에 서식하는 2~4년생 연어의 상당수에서 비정상적인 갑상선 비대가 관찰 되었는데 연어는 먹이사슬의 상위 포식자에 해당하며, 이러한 현상은 오염물질이 농축된 먹이를 섭취했거나 또는 오대호 내의 오염물질을 비롯한 복잡한 환경요소로 인한 내분비계 장애에 기인한 것으로 추측되었다.

일 본 1996년에서 1997년에 걸쳐 도쿄의 다마강과 쓰미다강에서는 알킬페놀이 검출되었으며, 이와 동시에 수컷 잉어의 비율이 현저히 낮아진 것이 발견되었다. 그 밖에 펄프공장 하류에 서식하는 농어류에서 성숙 지연, 생식기의 퇴축, 성징 결여 등이 관찰되었다.

인간에 대한 내분비계 장애물질의 영향

현재까지 내분비계 장애물질의 인간에 대한 영향 및 영향을 나타낼 수 있는 양에 대해서는 정확히 밝혀져 있지 않지만, 이에 대한 관심은 상당히 높은데 그 이유는 내분비계가 우리 몸을 조절하는 가장 중추적인 역할을 하기 때문이다.

내분비계 장애물질의 차세대 영향을 개연한 사건으로는 70년대 합성 에스트로젠인 DES(diethylstilbestrol)라는 유산 방지제를 복용한 임산부의 2세들에게서 나타났다. 이 약을 복용한 임산부에서는 영향이 나타나지 않았으나 이들의 2세에게서 생식능이 감소되었고, 딸의 경우 자궁 기형, 불임, 면역기능 이상이 증가하는 사례가 발생하였다.

덴마크에서는 1992년에 과거 50년 동안 남자들의 정자수가 반감 되었다는 보고가 있었으며, 일본에서 최근 Teikyo 대학 의학부 조사에 따르면 20대 남성 34명의 정액을 조사한 결과 정자의 농도와 운동성에서 WHO의 기준을 충족시킨 사람은 1명에 불과했다는 사실이 발견되었다. 내분비계 장애물질은 이와 같이 정자수의 급격한 감소 이외에도 정소종양(고환암)이나 요도하열과 같은 기형의 증가를 유발시키며, 여성의 유방암 증가도 이와 관련된 것으로 보는 경향이 있는데 이를 증명하기 위한 연구는 계속 진행중이다.

6) 내분비계 장애물질의 관리방안

(1) 생활환경 관리

내분비계 장애물질에 대응하기 위한 일차적인 방안은 우리 인간 및 환경에의 노출을 최소한 줄이는 것으로 다음은 생활환경 중에서 실천할 수 있는 방안을 제시하였다.

가. 음식물 및 용기

- 지방질이 많은 육류 보다는 곡류, 채소, 과일이 풍부한 식단 선택
- 전자렌지에 플라스틱 또는 랩으로 음식을 씌워 데우는 일 삼가
- 과일이나 야채는 흐르는 물에 깨끗이 씻고 되도록 껍질을 벗겨 섭취
- 1회용 식품용기 사용 자제
- 바퀴벌레 퇴치(붕산 등과 같은 물질로 예방)

나. 생활주변 관리

- 금연
- 파리, 모기 등 해충 구제를 위한 살충제의 과도한 사용 억제
- 주거지 주변의 정원이나 텃밭에 농약 살포 자제
- 플라스틱 제품을 어린이가 입에 대지 않도록 주의
- 폐건전지, 파손된 수은온도계, 형광등 등과 같은 유해 폐기물의 적절한 처리
- 세척력이 지나치게 강한 세제의 사용 자제
- 손의 청결 유지

다. 소비자로서의 선택

- 치아 치료시 아말감 사용 억제
- 세제를 사용할 때는 내분비계 장애물질이 함유된 세제 사용 자제
- PVC가 포함된 어린이용 장난감 구매 자제

(2) 원인물질 관리

내분비계 장애물질에 대응하기 위한 정부, 산업체 및 연구기관 등의 추진 방안은 다음과 같다.

가. 정부의 관리 대책

- 실제 또는 잠재적 위해성에 따른 관리 대상물질의 우선순위 선정
- 내분비계 장애물질에 대한 환경 및 인간 건강에 영향을 미치는 농도 이하의 환경 기준치 설정 및 모니터링
- 내분비계 장애물질의 환경중 방출을 최소화하기 위한 배출 목록 작성 및 보고 제도 운영
- 농약의 의존도를 낮추기 위한 대체물질, 품종 및 방법의 개발
- 청정 생산 기술 장려 및 지원
- 대체물질 개발에 대한 지침 마련
- 물질의 내분비 장애정도를 측정할 수 있는 방법과 환경중 규제치를 감시할 수 있는 지표(biomarker) 개발

나. 산업체의 대응 방안

- 생산 또는 폐기하는 물질에 대한 내분비 장애 독성 평가 및 시험
- 소비자에게 상품과 위해성에 대한 정보 제공
- 생산에서부터 폐기에 이르기까지의 전과정(life-cycle) 평가를 통한 오염방지 및 청정 생산 기술 이행
- 내분비계 장애물질에 의한 제품의 오염 여부 감시를 위한 측정

다. 연구계의 추진 방안

- 내분비계 장애물질 관련 실험, 연구, 조사 결과 등을 수집, 평가하기 위한 관련 부처 연구기관 및 민간 전문가로 구성된 연구기관간 전문연구 협의체 운영
- 과학적이고 합리적인 연구 수행을 위한 중·장기 연구 추진 전략 수립
- 내분비계 장애물질에 대한 현황과 환경 생태계에 대한 영향 등을 조사
- 내분비계 장애물질 규제를 위한 평가 및 시험방법 등의 확립
- 내분비계 장애물질에 대한 환경중의 노출량 및 인체 노출량 조사
- 내분비계 장애물질의 지정 및 환경중 기준 농도 등을 마련하기 위한 역학조사 및 위해성 평가

5. 유전자재조합 식품

1) 정의

유전자재조합 기술은 어떤 생물의 유전자 중 유용한 유전자(예: 추위, 병충해, 살충제, 제초제 등에 강한 성질)만을 취하여 다른 생물체에 삽입하여 새로운 품종을 만드는 것을 말한다.

유전자재조합 식품이란 유전자재조합 기술을 이용하여 만든 새로운 농·수·축산물 중 안전성이 확인되어 식품 또는 식품첨가물로 이용할 수 있는 것을 말한다.

2) 개발배경

UN의 세계 인구 예측에 따르면 세계 인구는 끊임없이 증가하여 1997년에 60억, 2000년에 62억에 이르렀으며, 2070년에는 100억에 이를 것으로 추정된다. 한편, 인구증가에 따른 세계의 식량 수요도 계속 증가하였기 때문에 지금 까지는 식량 증산을 위하여 경지 면적을 확대하고, 화학비료와 농약을 사용하며 통일벼와 같은 다수확 품종을 재배하는 방법 등을 이용해 왔다. 그러나 이용할 수 있는 농지 면적은 한정되어 있으며, 화학비료나 농약 사용은 잔류농약 등에 의한 안전성 문제도 있어 이러한 방법에 의한 식량 증산에는 한계를 보이게 되었다. 또한 소비자의 식품 기호에 대한 욕구도 증가하여 식량자원의 품종 개량에 대한 중요성과 필요성이 증가하였다. 이에 육종학자들은 새로운 품종을 효율적으로 개발하기 위하여 유전자재조합 기술을 이용하게 되었다.

3) 유전자재조합 식품의 필요성 및 이점

유전자재조합 기술은 현재 식품의 풍미 향상, 안전성, 영양가치 증진 등을 목적으로 특정 유전자를 더하거나 제거하는 기술로서 세계 여러

국가에서 이용되고 있으며 유전자재조합 기술이 소비자에게 줄 수 있는 이점 및 환경적, 경제적 효과는 다음과 같다.

(1) 식품의 풍미 및 품질 향상

- 과실 및 채소의 숙성 지연으로 신선도 유지
- 토마토의 과육 함량 증진과 같은 품질 향상

(2) 영양

- 일부 식품의 식물성 유지 및 포화지방산 함량 감소
- 일부 식품의 영양가치 증진

  예: 비타민 A가 강화된 쌀, 항산화 효과가 있는 비타민 C, 비타민 E 함량이 증진된 식품
- 질병예방 백신의 매개체로서의 식품 개발 가능

(3) 환경 및 경제적 효과

- 병충해 및 환경에 강한 식물 → 농약 사용량 감소 → 환경오염 감소
- 대량생산 가능 → 경작 효율 증진, 경작 비용 감소
- 적은 면적에서 보다 많은 생산 가능 → 기아 퇴치에 기여

4) 유전자변형 생물체(GMO)의 동향과 전망

GMO의 상업화는 1994년 미국 칼젠(Calgene)社가 잘 물러지지 않는 토마토를 개발한 이후 빠르게 진행되었다. 일반인들이 관심을 가지기 시작한 것은 1996년 몬산톤(Monsanto)社가 개발한 제초제에 내성이 있는 콩 그리고 노바티스(Norvartis)社의 병충해에 내성이 있는 옥수수가 본격적으로 상품화 되면서 부터 시작되었다.

EU에서 제기된 GMO의 안전성 문제는 곡물과 식품 5종류가 인간과 동물의 건강에 위험하지 않다고 밝히고 점차 국제적으로 수입을 허용하는 상황이며, EU집행위는 GMO 옥수수의 식품 또는 식품원료 사용을 승인했다

2010년 GMO의 세계 시장 규모는 200억 달러로 추정되며, 개발 방향으로는 제초제, 각종 병 저항성, 해충 저항성, 저장성 향상 등의 영농 개선형의 제 1세대 GMO, 품질 및 영양개선 식물의 개발(기능성 식품)의 제 2세대 GMO 그리고 단백질, 항체 및 효소 등의 유용물질을 GMO에서 생산하는 시스템인 고부가 가치의 의약품 효과를 나타내는 제 3세대 GMO로 진행될 것으로 추측된다.

5) 각국의 정책 및 규제 동향

(1) 미 국

GMO 개발 및 판매에 가장 적극적이며, 범정부 차원에서 각국의 GMO 관련 규제에 대처하고 있다. FDA가 1992년 발표한 새로운 식품 품종에서 생산된 식품에 대한 정책 성명을 지침으로 사용하여, 유전자재조합 식품의 안전성을 평가한 후 유전자재조합 식품의 시판을 허용하고 있으며, 2000년까지 콩 3종, 옥수수 14종 외 32종의 안전성이 확인되었다.

2001년 1월부터 유전자 재조합 식품을 시장에 유통시키기 120일 전에 안전성 심사를 받도록 의무화하고 안전성 평가자료를 인터넷 등을 이용하여 공개하도록 하고 있다.

(2) EU

GMO 농산물의 위해성 여부에 대한 판단은 "유보"하고 있으나, 소비자의 알 권리(Right to know)와 선택의 기회 제공 차원에서 1998년 5월부터 GMO 농산물 등의 신규 식품 및 식품성분에 대한 표시를 의무화하고 있다.

유전자재조합 식품의 허용을 위한 안전성 평가 기준은 일본 및 미국의 것과 유사하며 2006년 GMO 옥수수의 식품 또는 식품원료 사용을 승인하였다.

(3) 일 본

GMO를 기존 농산물과 구분하려던 기존의 입장에서 GMO 수입의 불가피성을 인정하고 수입하는 상황이며, 2000년까지 대두, 옥수수, 유채 등 7종류 29 품종의 농작물에 대하여 안전성이 확인되어 유통되고 있다.

농림수산성의 JAS법에 근거하여 2001년 4월부터 GMO 함유 5% 이상의 24개 가공식품에 대해 표시제를 의무화 하고 있다.

(4) 우리나라

소비자에게 올바른 정보 제공을 목적으로 농림부에서 2001년 3월부터 유전자변형 콩 · 옥수수 · 콩나물에 대하여 의무적으로 표시제를 시행하도록 하고 있다. 식약청에서는 유전자재조합 식품을 주요 원재료로 사용하여 제조 · 가공한 27개 품목의 가공식품에 대하여 2001년 7월부터 의무표시제를 시행 하고 있으며 그 표시 방법과 기준 등의 구체적 내용은 표 10-3과 같다.

6. 식품표시(Food Labeling) 제도

1) 식품표시 제도란?

식품표시 제도는 식품, 식품첨가물, 기구 또는 용기 · 포장(이하 "식품 등"이라 한다)의 표시기준에 관한 사항을 규정하여 식품 등의 위생적인 취급을 도모하고 소비자에게 정확한 정보를 제공하기 위한 목적으로 1996년부터 보건복지부의 주관하에 실시되었으나 1998년 10월부터 식품의약품안전청의 고시에 따라 시행되고 있다.

식품표시 제도는 식품의 유형, 유통기한, 원재료와 성분 및 제품의 영양성분과 영양적 가치를 정해진 규칙에 따라 표기하도록 하는 제도이다.

표 10-3. GMO 표시제 관련 규정 대비표

관계 부처	농림부	식약청
관계 규정	유전자변형 농산물 표시요령	유전자재조합식품 등의 표시기준
시 행 일	2001.3.1.	2001.7.13.
표시대상품목	콩, 옥수수, 콩나물	콩, 옥수수, 콩나물을 주요 원재료로 1이상 사용하여 제조가공한 식품중 최종 제품에 DNA나 외래 단백질이 남아 있는 식품 (27개 품목)
표시의무자	표시 대상 품목의 유전자변형 농산물을 판매하는 수입상, 중간 및 최종 판매자	식품 제조 · 가공업자, 즉석 판매제조 · 가공업자, 식품첨가물제조업자, 식품 소분업자, 유통 전문판매업자, 식품 등 수입 판매업자
비의도적 혼 입 치	3%, 이 경우 구분 관리 하였다는 증명서 구비	▪ 최종 제품 혼입치 미설정 ▪ 원료에 대한 혼입치 3% 준용
표시방법	▪ 미포장 : 판매 장소에 푯말 · 안내 표시판 등으로 표시 ▪ 포장 : 식별이 용이한 위치에 쉽게 알 수 있는 활자체와 크기로 표시	▪ 용기 · 포장에 잉크 · 각인 · 소인으로 지워지지 않고 잘 알아 볼 수 있게 ▪ 바탕색과 구별되는 색상의 10포인트 이상의 활자로 표시
표시 기준	▪ 유전자변형 농산물 "유전자변형 ○○" ▪ 유전자변형 농산물이 포함 "유전자변형 ○○포함" ▪ 유전자변형 농산물의 포함 가능성 "유전자변형 ○○포함 가능성 있음"	▪ 제품 주표시면 "유전자재조합식품" 또는 "유전자재조합 ○○포함식품" 또는 ▪ 원재료명 바로 옆에 괄호로 "유전자재조합" 또는 "유전자재조합된○○" ▪ 확인할 수 없는 경우 : "유전자재조합○○포함가능성 있음"
처벌 기준	▪ 허위표시 : 3천만원 이하 벌금 또는 3년 이하의 징역 ▪ 미표시 : 1천만원 이하 과태료	▪ 2년 이하의 징역 또는 1천만원 이하의 벌금

2) 식품표시 제도의 필요성

- 식품의 위생적 취급을 도모한다.
- 식품의 허위 · 과대 표시나 광고로부터 소비자를 보호한다.
- 가공식품의 영양성분에 대한 정확한 정보를 제공함으로써 합리적인 영양관리를 위한 올바른 식품의 선택을 유도한다.
- 소비자의 올바른 식품 선택에 따라 식품 제조업자는 우수한 품질의 식품을 생산하게 된다.
- 식품의 국제적인 교역 증대를 위하여 가공식품에 대한 식품표시 제도가 필요하다.

3) 표시대상

(1) 식품 또는 식품첨가물

- 식품제조 · 가공업, 즉석 판매제조 · 가공업에서 제조 · 가공하는 식품
- 식품첨가물제조업의 허가를 받아 제조 · 가공하는 식품첨가물
- 수입식품 또는 수입식품첨가물

(2) 기구 또는 용기 · 포장(수입제품을 포함한다)

- 기준 및 규격이 정하여진 기구 또는 용기 · 포장
- 옹기류

4) 식품의 표시사항

(1) 제품명 : 그 제품의 고유명칭으로서 허가관청(수입식품의 경우 신고관청)에 신고 또는 보고하는 명칭.

(2) 식품의 유형 : 다류 · 음료류(기타음료에 한한다) · 특수영양식품 · 건강보조식품 · 기타 식품류 중 추출가공식품 및 기준 · 규격 외의 일반가공식품으로 표시한다. 식품별 기준 및 규격 이외의 일반가공식품

은 식품의 유형에 따라 곡류가공품, 두류가공품, 서류가공품, 전분가공품, 식용유지가공품, 당류가공품, 과실류 · 채소류가공품, 수산물가공품, 기타가공품으로 표시한다.

(3) 업소명 및 소재지(업소명) : 제조업소명과 제조업소의 반품 교환 업무를 대표하는 소재지

(4) 제조연월일(제조일) : 제조일의 표시는 "○○년○○월○○일", "○○○○.○○.○○" 또는 "○○○○년○○월○○일"의 방법으로 표시

(5) 유통기한 : "○○년○○월○○일까지", 또는 제조일을 표시하는 경우에는 "제조일로부터 ○○일까지", "제조일로부터 ○월까지" 또는 "제조일로부터 ○○년까지"로 표시

(6) 내용량 : 내용물의 성상에 따라 중량·용량 또는 개수로 표시

(7) 원재료명 및 함량 : 인위적으로 직접 가한 원재료명 및 기구 또는 용기 · 포장은 재질을 표시

(8) 성분명 및 함량 : 제품에 사용된 원재료 중에 함유된 성분명을 그 명칭과 실제 그 제품에 함유된 함량을 중량 또는 용량으로 표시

5) 영양성분의 표시사항

영양성분의 표시는 원래 식품 표시사항의 일부에 속하는 내용이나 이 책에서는 편의상 영양성분의 표시사항을 따로 설명하였다.

(1) 영양성분을 표시해야 하는 식품

- 특수영양식품 또는 건강보조식품
- 영양성분표시를 하고자 하는 식품
- 영양강조표시를 하고자 하는 식품

(2) 영양성분 함량기준

제품이 판매되는 시점에서의 100그램(g)당, 100미리리터(mℓ)당 또는 그 포장이 소비자가 1회에 섭취하는 양인 경우에는 1포장 당 함유된 값으로 표시

(3) 영양성분 항목별 표시방법

영양성분 항목별 표시방법은 표 10-4와 같다.

표 10-4. 영양성분별 함량 표시의 선택 기준표

영양성분별	표시대상식품	표시의무
열량, 탄수화물, 단백질, 지방, 나트륨	▪ 특수영양식품, 건강보조식품 ▪ 영양성분표시를 하고자 하는 식품 ▪ 영양강조표시를 하고자 하는 식품	의 무
비타민, 무기질 (나트륨 제외)	▪ 특수영양식품, 건강보조식품	임 의 (자율)
	▪ 그 외의 식품 중 비타민 A, D, E, C, B_1, B_2, 나이아신, B_6, 엽산, 칼슘, 인, 철, 아연에 한하여 이를 표시하거나 강조표시를 하는 식품	〃
식이섬유, 콜레스테롤	▪ 이를 표시하거나 영양강조표시를 하는 모든 식품	〃

자료 : 식품의약품안전청(2010), 식품 등의 세부표시기준

(4) "저", "무", "고(또는 풍부)" 또는 "함유(또는 급원)" 등의 용어

일반 기준 및 영양소 함량 강조표시 기준표(표 10-5)에 적합한 경우에만 표시 할 수 있다.

6) 기타 표시사항

(1) 다이어트 표시

가. 표시대상 : 건강보조식품, 특수영양식품, 인삼 제품류, 음료류(착향탄산음료에 한함)

나. 표시방법 : 체중 증가의 우려가 적다는 의미로 "다이어트"라는 용어를 제품명의 일부로 사용

표 10-5. 영양소 함량 강조표시 기준표

영양성분	강조표시	표 시 조 건
열량	저	식품 100g당 40kcal미만 또는 식품 100mℓ당 20kcal미만일 때
	무	식품 100mℓ당 4kcal미만일 때
지방	저	식품 100g당 3g미만 또는 식품 100mℓ당 1.5g미만일 때
	무	식품 100g당 또는 식품 100mℓ당 0.5g미만일 때
포화지방	저	식품 100g당 1.5g미만 또는 식품 100mℓ당 0.75g미만이고, 열량의 10%미만일 때
	무	식품 100g당 0.1g미만 또는 식품 100mℓ당 0.1g미만일 때
트랜스지방	저	식품 100g당 0.5g 미만일 때
콜레스테롤	저	식품 100g당 20mg미만 또는 식품 100mℓ당 10mg미만이고, 포화지방이 식품 100g당 1.5g미만 또는 식품 100mℓ당 0.75g미만이며, 포화지방이 열량의 10%미만일 때
	무	식품 100g당 5mg미만 또는 식품 100mℓ당 5mg미만이고, 포화지방이 식품 100g당 1.5g 또는 식품 100mℓ당 0.75g미만이며 포화지방이 열량의 10%미만일 때
당류	무	식품 100g당 또는 식품 100mℓ당 0.5g미만일 때
나트륨	저	식품 100g당 120mg미만일 때
	무	식품 100g당 5mg미만일 때
식이섬유	함유 또는 급원	식품 100g당 3g이상 또는 식품 100kcal당 1.5g이상일 때
	고 또는 풍부	식품 100g당 6g이상 또는 식품 100kcal당 3g이상일 때
단백질	함유 또는 급원	식품 100g당 1일 영양소 기준치의 10%이상, 식품 100mℓ당 1일 영양소 기준치의 5%이상일 때 또는 식품 100kcal당 1일 영양소 기준치의 5%이상일 때
	고 또는 풍부	식품 100g당 1일 영양소 기준치의 20%이상, 식품 100mℓ당 1일 영양소 기준치의 10%이상일 때 또는 식품 100kcal당 1일 영양소기준치의 10%이상일 때
비타민 또는 무기질	함유 또는 급원	식품 100g당 1일 영양소 기준치의 15%이상, 식품 100mℓ당 1일 영양소 기준치의 7.5%이상일 때 또는 식품 100kcal당 1일 영양소기준치의 5%이상일 때
	고 또는 풍부	식품 100g당 1일 영양소 기준치의 30%이상, 식품 100mℓ당 1일 영양소 기준치의 15%이상일 때 또는 식품 100kcal당 1일 영양소기준치의 10%이상일 때

자료 : 식품의약품안전청(2010), 식품 등의 세부 표시기준

다. 표시기준

- 영양보충용식품 중 식이섬유 보충용식품의 기준 및 규격중 1회 섭취량당 식이섬유 2.5 g이상 함유되었을 경우
- 저열량식품의 정의(식품 100g당 40kcal 미만 또는 식품 100㎖당 20kcal 미만)에 적합한 경우
- 착향탄산음료 중 제품 400㎖당 열량이 2kcal 이하인 제품에 한하여만 표시

(2) 조건여부에 따라 표시 가능한 용어

조건 여부에 따라 표시 가능한 용어는 표 10-6과 같다.

표 10-6. 조건여부에 따라 표시 가능한 용어

구 분	조 건 여 부
천연	▪ 인공(조합)향·합성착색료 · 합성보존료 또는 어떠한 인공이나 수확 후 첨가되는 합성성분이 제품 내에 포함되어 있지 아니하고, 비식용부분의 제거나 최소한의 물리적 공정 이외의 공정을 거치지 아니한 경우
100%	▪ 표시대상 원재료를 제외하고는 어떠한 물질도 첨가하지 아니한 경우
무가당	▪ 제조 · 가공 중에 당을 인위적으로 사용하지 아니한 경우
무가염	▪ 제조 · 가공과정 중에 염화나트륨을 인위적으로 사용하지 아니한 경우

7) 식품표시의 예

식품표시사항

- 제품명: ○○두유
- 원재료명: 두유액94%(대두고형분 7% 이상, 미국산), 정백당, 칼슘 혼합제재1.352%, 식물성 유지, 현미시럽)
- 포장재질(내면): 폴리에틸렌
- 내용량: 200㎖
- 보존기준: 실온
- 유통기한: 제품상단 표시일까지
- 업소명: ○○유업(주) 경북 경산시 ○○동 ○○번지

유통기한 ○○ 년 ○○월 ○○일까지

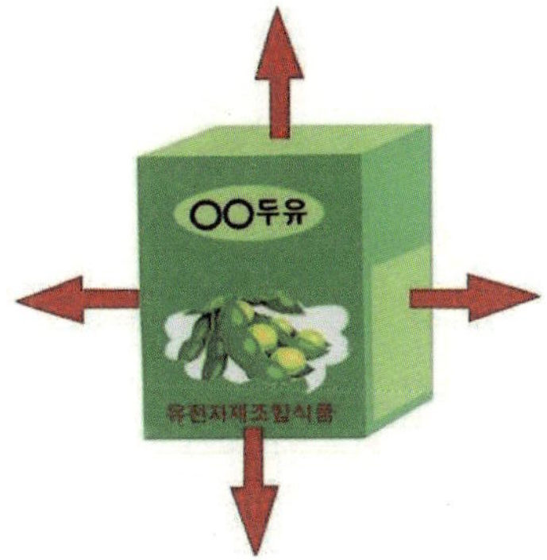

유전자재조합식품일 경우

영양성분 표시사항

영양성분(100㎖ 기준)			
열 량	65kcal	단 백 질	3g
탄수화물	6g	지 방	3.5g
나 트 륨	95mg	콜레스테롤	0mg

강화성분명 및 함량(100㎖ 기준)

성분명	함량	1일 영양 권장량	1일 권장량 대비비율
비타민 A	70μgRE	70μgRE	10%
비타민 B2	0.12㎖	12㎖	10%
비타민 D3	0.5㎎	5㎎	10%
칼 슘	100㎎	700㎎	14%
L-카르니틴	0.77㎎	—	—

※영양소기준지표에 대한 비율임

· 즉석식품, 두부류 등의 유전자 재조합 식품일 경우

진열상자에 표시

혹은

별도 게시판에 표시

그림 10-5. 식품표시 예(유전자 재조합 식품 포함)

참고문헌

1. 김광수, 김순동, 서권일, 신승렬, 윤광섭, 조영수 : 식품화학. 학문사 (2000)
2. 이규한 : 식품화학. 형설출판사 (1999)
3. 한명규 : 식품학. 형설출판사 (2002)
4. 박태선, 김은경 : 현대인의 생활영양. 교문사 (2001)
5. 이미숙, 박영숙, 현화진, 김순경, 송은승, 이경애, 이선영, 현태선, 김희선, 윤은영 : 리빙토픽 영양과 식생활. 교문사 (2001)
6. 최혜미 외 : 21세기 영양학. 교문사 (1998)
7. 맹영선, 허태련 : 식품과 건강. 유한문화사 (1999)
8. 김숙희, 김우경, 장영애 : 식생활과 건강. 신광출판사 (2001)
9. 송병춘, 홍희옥, 맹원재 : 현대인의 식생활과 건강. 건국대학교출판부 (1999)
10. 모수미, 이연숙, 구재옥, 손숙미, 서정숙, 윤은영, 이수경, 김원경 : 식사요법. 교문사 (2007)
11. 장유경, 이보경, 김미라, 황금희 : 임상관리. 효일문화사 (1999)
손숙미, 임현숙, 김정희, 이종호, 서정숙, 손정민. 임상영양학. 교문사 (2010)
12. 최대혁, 김광회, 김동희, 남상남, 신호수, 옥정석, 이동규, 이복환, 이용수, 전태원, 최희남, 한종우 : 운동생리학. 도서출판 라이프사이언스 (2001)
13. 김은경, 남혜원, 박영심, 명춘옥, 이기완 : 생활주기영양학. 신광출판사 (2005)
14. 이연숙, 임현숙, 안홍석, 장남수 : 생애주기영양학. 교문사 (2006)
15. 박영숙, 이정원, 서정숙, 이보경, 이혜상 : 영양교육과 상담. 교문사 (2006)
16. 서정숙, 이혜상, 이심열, 김경민, 김복희 : 식생활관리. 신광출판사

(2010)
17. 장동석, 신동화, 정덕화, 김창민, 이인선 : 자세히 쓴 식품위생학. 정문각 (2002)
18. 식품의약품안전청 : 식중독발생 현황. (2009)
19. 식품의약품안전청 : FAO/WHO에서 작성한 식품안전위해분석 지침서 (2005)
20. 식품의약품안전청 : 유전자재조합식품에 대한 정보사항 (2005)
21. 식품의약품안전청 : 식품등의 표시기준 (2010)
22. 식품의약품안전청 : 유전자재조합식품등의 표시기준중 개정(식약청고시 2001-43호) (2010).
23. 송요숙 : 우리나라에서 영아의 수유 및 이유보충식 급식 현황과 개선방향. 한국영양학회지, 24(3), 282-291 (1991)
24. 송요숙, 김숙희 : 농촌지역 임신부의 영양실태조사 및 임신부의 영양상태가 신생아 체위에 미치는 영향. 한국영양학회지, 22(6), 547-556 (1989)
25. 임현숙, 허영란 : 모유영양아와 인공영양아의 지질 대사. 한국영양학회지, 27(5), 429-441 (1994)
26. 임현숙, 허영란 : 모유와 유아용 조제분유의 지질 및 지방산 조성. 한국영양학회지, 27(6), 563-573 (1994)
27. 박종세, 길광섭, 박귀례, 김명수 : 특집, 환경호르몬 : 내분비계 장애물질. 화학세계, 38(9), 16-23 (1998)
28. 한국영양학회 : 한국인 영양섭취기준. (2010)
29. Boyle, MA : Personal Nutrition. 4th ed., Wadsworth. Thomson Learning (2001)
30. Zapsalis, C. and Beck, R.A. : Food Chemistry and Nutritional Biochemistry. Wiley (1985)
31. Fennenma, O.R. : Food Chemitry. Dekker (1996)

국내 관련사이트

국민건강영양조사 http://knhanes.cdc.go.kr

농촌자원개발연구소 식품성분표
http://www.rlsi.go.kr/2002_work/food_nutrition/index.htm

대한영양사협회 http://www.dietitian.or.kr

보건복지부 http://www.mohw.go.kr/food/index.htm

보건복지부 – 건강길라잡이 http://healthguide.kihasa.re.kr

식품의약품안전청 http://www.kfda.go.kr

어린이 대상 영양교육 사이트 http://kids_nutri.khidi.or.kr

지식경제부 http://www.mke.go.kr

통계청 http://kostat.go.kr

한국금연운동협의회–금연자료실 http://www.kash.or.kr

한국보건산업진흥원 http://www.khidi.or.kr/html/about/staple_activity01_1.jsp

한국식품영양재단 http://www.nutritionkorea.com

대한당뇨병학회 http://www.diabetes.or.kr

대한비만학회 http://www.kosso.or.kr

대한소아과학회 http://www.pediatrics.or.kr

대한소아소화기영양학회 http://www.sosoyoung.or.kr/main.html

대한지역사회영양학회 http://society.kordic.re.kr/~kscn

대한지역사회영양학회 – 식생활정보센터 http://www.dietnet.or.kr

한국식품과학회 http://www.kosfost.or.kr

한국식품영양과학회 http://www.kfn.or.kr

한국식품영양학회 http://society.kordic.re.kr/~kscn

한국식품위생안전성학회 http://www.foodhygiene.or.kr

한국영양학회 http://www.kns.or.kr

한국지질/동맥경화학회 http://www.lipid.or.kr

저자소개

박 찬 성 경북대학교 사범대학 과학교육학과(학사)
대구가톨릭대학교 가정학과(석사)
대구가톨릭대학교 식품영양학과(박사)
동경수산대학 객원교수
Virginia Polytechnic Institute and State University 객원교수
현재 대구한의대학교 한방식품조리영양학부 교수
E-mail:parkcs@dhu.ac.kr

신 승 렬 영남대학교 화학과(학사)
영남대학교 식품영양학과(석사)
영남대학교 식품영양학과(박사)
대구과학대학 겸임교수
현재 대구한의대학교 한방식품조리영양학부 교수
E-mail:shinsr@dhu.ac.kr

양 경 미 영남대학교 식품영양학과(학사)
영남대학교 식품영양학과(석사)
영남대학교 식품영양학과(박사)
대구과학대학 겸임교수
현재 대구한의대학교 한방식품조리영양학부 부교수
E-mail:jiboosin@dhu.ac.kr

식생활과 건강

1996년 8월 24일 초판 1쇄 발행
2000년 8월 28일 초판 4쇄 발행
2002년 8월 30일 개정판 발행
2012년 2월 28일 개정판 3쇄 발행

지 은 이 박찬성 · 신승렬 · 양경미
펴 낸 이 이준구
펴 낸 곳 대구한의대학교출판부
출 판 등 록 1987년 11월 21일 경산 제2호
우712-715 경북 경산시 한의대로 1번지
전화 (053)819-1577, 1578
팩스 (053)819-1262

정 가 12,000원

ISBN 978-89-87696-81-2 93590